Ariola Morina
Renata Kongoli

Vinho tinto autóctone albanês

Ariola Morina
Renata Kongoli

Vinho tinto autóctone albanês

ScienciaScripts

Imprint

Cover image: www.ingimage.com

This book is a translation from the original published under ISBN 978-620-2-31065-9.

Publisher:
Sciencia Scripts
is a trademark of
Dodo Books Indian Ocean Ltd. and OmniScriptum S.R.L publishing group

120 High Road, East Finchley, London, N2 9ED, United Kingdom
Str. Armeneasca 28/1, office 1, Chisinau MD-2012, Republic of Moldova, Europe
Printed at: see last page
ISBN: 978-620-8-34221-0

CAPÍTULO 1

Introdução

O vinho tem uma longa história registada que remonta a mais de 7,5 mil anos. Os mais antigos resíduos de vinho de que se tem notícia datam do início a meados do quinto milénio a.c. - Hajji Firuz Tepe, no norte das Montanhas Zagros do Irão (Duque, M.C., Montero, F. e Yanez, F, 2005). Mais informações e dados históricos indicam a existência do vinho na antiguidade, remontando à Idade da Pedra, há cerca de 6000 anos, na Mesopotâmia e no Egito, que simbolizava o sangue de Cristo e o Cristianismo. Historicamente, o vinho tem sido associado a celebrações e cultos, bem como a um tranquilizante para o espírito humano. De facto, Hipócrates, pai da medicina, utilizava o vinho como parte integrante dos seus medicamentos e recomendava a sua utilização como diurético e antissético geral. O género *Vitis* e os seus 700 tipos diferentes de espécies, em especial *a Vitis vinifera*, são de interesse para os produtores de vinho. *A Vitis vinifera* é originária do sul do Mar Negro, onde é cultivada na Transcaucásia. O cultivo de uvas é mencionado pela primeira vez na Bíblia (Génesis IX, xviii). Desde a sua primeira aparição, relatada no sul das montanhas do Cáucaso, a cultura da vinha e a produção de vinho estenderam-se até ao Egito. Um grande número de resíduos de cerâmica descrevem o crescimento da vinha e os grandes efeitos que o consumo deste produto tinha para o homem. Graças às longas viagens dos fenícios e dos romanos, a cultura da vinha e a produção de vinho espalharam-se rapidamente pelo continente europeu. Durante os séculos XVI, XVII e XVIII, *a V. vinifera* foi transportada para a América do Sul, África, Austrália e Nova Zelândia.

Atualmente, o vinho é uma componente integral da cultura de muitos países e está a expandir-se para novos países. Os consumidores dos países produtores tradicionais, bem como os do "novo mundo", exigem vinhos de alta qualidade. Especialmente no que respeita aos vinhos tintos, os consumidores procuram vinhos de cor vermelha profunda, encorpados, com taninos suaves e aromas frutados.

O vinho é muito rico em compostos antioxidantes e os seus efeitos benéficos podem ser em parte explicados pela presença de compostos fenólicos que exibem diferentes actividades biológicas. A Albânia tem uma longa tradição de cultivo de uvas e de produção de vinho que remonta aos antigos tempos gregos e romanos (Kongoli, R., Zigori, V., 2008). O nosso país goza de condições óptimas para o desenvolvimento da viticultura em todas as regiões. Do ponto de vista climático, o nosso país faz parte da zona subtropical mediterrânica, mas os factores físicos e geográficos criam uma grande variedade de microclimas (Kongoli, R., Zigori, V., 2008). Em resultado desta diversidade microclimática, existem mais de 40 castas autóctones que fazem parte do nosso património. As castas autóctones apresentam geralmente uma elevada resistência às infecções fúngicas e virais, bem como uma grande adaptação às condições climáticas e ao rigor invernal destas zonas.

O interesse crescente pelas castas autóctones é também uma resposta à "globalização" do mercado mundial do vinho. Atualmente, estas castas são cada vez mais valorizadas como fonte e base para a criação de vinhos que reflectem o seu "*terroir*" inigualável. O termo "*terroir*" é incluído como parte de um tripé que descreve os aspectos-chave pelos quais todo o vinho fino é julgado. O tripé é constituído pelos seguintes elementos:

Carácter - que é definido pelo *Terrior.*

Qualidade - que é definida pela vinificação.

A personalidade - que é definida pelo tempo (não pelo clima).

Para este estudo, avaliámos as castas autóctones, a fim de avaliar o seu potencial para a criação de vinhos tintos de qualidade com caraterísticas varietais e regionais expressas. A análise das condições climáticas e das caraterísticas do território albanês ajudou-nos a definir as áreas e as castas autóctones cultivadas nessas áreas elegíveis para serem incluídas no estudo (Kongoli, 2000) (Kongoli, R., Zigori, V., 2008). A composição química e a qualidade sensorial foram avaliadas para os vinhos tintos jovens e após um e dois anos de envelhecimento destes vinhos. A avaliação comparativa da composição química e da avaliação sensorial dos vinhos tintos autóctones em relação aos vinhos tintos internacionais Merlot e Cabernet Sauvignon, cultivados no território albanês, classificou o envelhecimento e o potencial antioxidante das nossas castas. Neste estudo, avaliámos o potencial antioxidante dos vinhos tintos produzidos segundo os mesmos processos de vinificação a partir das nossas castas autóctones e das castas internacionais Merlot e Cabernet Sauvignon cultivadas no território albanês, em relação ao seu teor de resveratrol.

Os vinhos podem ser tintos, rosés e brancos. A cor depende da escolha das castas e dos processos de vinificação utilizados. Os vinhos podem variar de corpo ligeiro a corpo cheio e viscoso. O vinho possui mais de 500 substâncias, mas uma das principais classes de compostos que diferencia o vinho de outras bebidas alcoólicas são os compostos fenólicos (Kongoli, R., Zigori, V., 2008). Muitas das caraterísticas e classificações do vinho resultam da presença e da quantidade de compostos polifenólicos.

História do vinho na Albânia

A vinha no nosso país é uma planta muito tradicional e importante como alimento, bem como para o desenvolvimento económico e comercial (Kongoli, R., Zigori, V., 2008). A Albânia conta com cerca de 5,503 milhões de pérgulas e 9806 ha de vinhas espalhadas por 151 784 pequenas explorações agrícolas, onde as cultivares de vinho ocupam 83% e as cultivares de mesa 17% da área total de vinhas (Food, 2010). Todos somos testemunhas da existência de vinhas centenárias, da expansão do seu cultivo em todo o nosso país e do facto de ser hoje a mais preferida para novas plantações. A viticultura e a produção de vinho foram e continuam a ser uma atividade produtiva com especial importância económica para o nosso país. O desenvolvimento deste sector constitui hoje uma das prioridades para o desenvolvimento da agricultura como via mais rápida e sustentável de desenvolvimento económico do país em geral e das zonas rurais em particular.

É cultivado um grande número de castas estrangeiras e autóctones para vinho e uvas frescas. A posição geográfica da Albânia cria condições perfeitas para o cultivo de vinhas e a produção de bom vinho. A indústria albanesa de produção de vinho está a tentar criar um desempenho internacional em conformidade com a sua reputação de produtor de vinhos de qualidade para o mercado.

O nosso país, enquanto país mediterrânico típico, goza de todas as condições para o cultivo da vinha (Kongoli, R., Zigori, V., 2008). No início do século XX e até aos anos 20, a viticultura albanesa herdou as caraterísticas das pequenas parcelas familiares mediterrânicas medievais, que consumiam ou transformavam os produtos diretamente para as famílias, sendo o mercado fechado com sazonalidade. As vinhas foram destruídas especialmente durante a ocupação de 5 séculos do Império Otomano, e estavam centradas apenas em áreas católicas ou ortodoxas como (Coreia, Pogradec, Përme^ Leskovik, Vlora e Shkodra). A religião muçulmana no século XVI proibiu a produção de vinho. O período intermédio 1920-1945 encontra o nosso país com uma degradação progressiva da viticultura. Durante este período, para além dos factores económicos e sociais, as vinhas albanesas foram destruídas pela propagação de doenças fúngicas, como o míldio e a graça. Mas o golpe final foi dado pela manifestação da doença *da filoxera* que, num período de dez anos (1930-1940), levou à destruição de cerca de mil hectares de vinhas.

Para além dos fenómenos positivos em termos do desejo dos agricultores de cultivar a vinha, durante 1980 foram relatados muitos fenómenos negativos relacionados com a utilização para plantação de variedades não certificadas com defeitos sanitários, tratamento não qualificado e criação derivada de conhecimentos limitados e falta de informação em termos de tecnologias modernas para o cultivo de novas vinhas. A este respeito, a combinação de apoio financeiro com dados técnicos e científicos é uma garantia para a criação de vinhas de acordo com os requisitos e o sucesso do investimento nesta área (Kongoli, R., Zigori, V., 2008). As cultivares locais autóctones são a fonte mais importante da produção de vinhos albaneses típicos, com o nome da região específica ou da cultivar específica.

Regiões vinícolas

A Albânia dispõe de condições óptimas para o desenvolvimento da viticultura em todo o seu território. Do ponto de vista climático, o nosso país faz parte da zona subtropical mediterrânica, mas os factores físico-geográficos tornam possível a existência de uma vasta gama de climas entre zonas, o que leva as castas a adaptarem-se a estes microclimas (Kongoli, R., Zigori, V., 2008). Fazem parte desta diversidade de microclimas muitas castas autóctones que fazem parte do nosso património secular, enriquecido através da seleção das espécies mais valiosas que possuem as caraterísticas desejadas.

O território albanês está dividido em quatro regiões de cultivo de vinhas:

- A zona costeira (planícies ocidentais) que se elevam até 300 m e que englobam as seguintes cidades: Shkorder, Lezhë, Tirane', Lushnjë, Fier, Vlore, etc. Estas áreas têm as condições adequadas para o cultivo bem sucedido de variedades de uvas frescas.
- A região montanhosa central, que vai de 300 a 600 m de altitude e inclui Elbasan, Kruje, Berat, Përmet, etc., apresenta melhores oportunidades para a produção de vinhos de qualidade e de uvas frescas de mesa com elevados valores comerciais. As melhores variedades de uvas para vinhos de qualidade são Shesh (preto e branco), Merlot, Define' (preto e branco), Se'rine', Kallmet, Putez, Montepulciano, Sangiovese,

etc.

> A região sub-montanhosa oriental, que se situa entre 600-800m e inclui cidades como Tropojë, Kukës, Dibe'r, Koree', Leskovik, Peshkopi, etc. O ecossistema destas áreas permite a produção de vinhos de qualidade com um aroma muito distinto, champanhe e conhaque e outras bebidas aromáticas. As castas mais adequadas para a produção de vinho são Serin (preto e branco), Pinot noir, Tokaj, Pulez, Muscat branco, Primitivo, etc

> Zonas de montanha onde a vinha é cultivada a 1000 m de altitude.

Estas variedades pertencem à Ordem Rhamnales, Família Vitaceae, Género Vitis, Subgénero Euvitis, Espécie Vitis vinifera ssp sativa (Susaj, 2012). As principais variedades de uvas autóctones encontradas na Albânia são: Shesh (preto e branco), Kallmet, Vlosh, Se'rine', Putes, Cërrı|ë, Mereshnik, Debin (preto e branco), Kryqës, Vlµıltev, Mavrud, Manakuq, Kotekë, Stambolleshë, Tajgë (vermelho e branco) (Sallaku, F., Cici, I., Carka, F., Sevo, R., Cakalli, A., Kristo, I., 2006).

Casta autóctone "Shesh i zi".

A Shesh i zi (preta) e a Shesh i bardhe são cultivares autóctones, cuja terra natal é a zona central da Albânia, como Ndroq, Pezë, Tirane' (Kongoli, R., Zigori, V., 2008) e tomam o seu nome da aldeia de Shesh, situada na colina a 15 km da capital Tirana. A Shesh i zi é a cultivar mais popular nas vinhas albanesas e pensa-se que é originária da antiga vinha da Ilíria chamada Butirica.

0132 28 Shesh i zi

A variedade de uva Shesh i zi tem uma durabilidade média contra o míldio e a cinza e uma elevada resistência à podridão. Começa a amadurecer no final de setembro e na sua maturação completa contém uma média de 18 a 20% de açúcar. O Shesh i zi produz vinhos secos e ácidos, com uma cor rubi brilhante, sabor e fragrância bem equilibrados e sensíveis (Kongoli, R., Zigori, V., 2008). Esta variedade pode ser utilizada como uva de mesa para consumo em fresco. Uma das qualidades mais distintivas dos vinhos Shesh i zi é o facto de tenderem a ter um melhor sabor quando envelhecidos. Este vinho altamente aromático tem um sabor distinto que sugere frutos do bosque com um traço de ameixa. O toque de tanino no final também dá uma sensação interessante na boca que se prolonga.

Quanto ao muito popular Shesh i bardhe, o seu vinho é caracterizado por um aroma floral convidativo. As suas notas ousadas de frutos maduros e a doçura subtil contribuem para o seu acabamento único.

Casta autóctone "Serin i zi"

Na região montanhosa e pré-montanhosa de Korca, com clima continental típico, a casta autóctone Serin i zi ocupa um lugar importante graças ao elevado potencial de produção e aos bons valores tecnológicos que esta casta possui. A variedade Serin i zi está incluída na lista das variedades mais antigas cultivadas e localizadas em Pogradec, Pëте^ Skrapar e Leskovik (Kongoli, R., Zigori, V., 2008).

013227 Serine e zeze

A cultura tradicional foi moldada em kupore com toco baixo, com cargas de laços delgados, com sistema de poda curto e densidade de plantação. Nestas condições, a Serin i zi tem um desempenho que atinge até 100-150 quintais/ha.

Casta autóctone "Kallmet".

"A Kallmet é uma das mais antigas cultivares de uvas autóctones, tendo sido utilizada ao longo dos séculos como uma das cultivares de vinho tinto mais difundidas, especialmente no norte e noroeste da Albânia, ocupando mais de 35% da área de vinha ou cerca de 9% a nível nacional.

Os focos de criação e cultivo da variedade Kallmet são as zonas montanhosas que vão de Lezha até à entrada da cidade de Shkodra. Esta cultivar é conhecida por outros nomes, como Gjashtore, Zadrimore, etc. (Kongoli, 2000) (Kongoli, R., Zigori, V., 2008).

0132 22 Kallmeti

O outro nome conhecido de "Kallmet" é "Kadarka" e é cultivado desde o Império Romano na Hungria, Croácia, Áustria e Roménia (Susaj, 2012). Devido à sua elevada adaptabilidade ambiental e ao seu vinho típico, que é muito popular, a "Kallmet" continua a dominar a estrutura varietal das novas vinhas na Albânia e está planeado que ocupe 20% das cultivares de vinho tinto (Food, Albanian Strategic Development Planning of Viticulture, 7, 2004).

Cacho de tamanho médio (16 x 7 cm), em forma de cone, ramificado. Os bagos têm um tamanho médio, forma redonda, membrana vermelha a roxa, cobertos por uma brisa suave.

Tem boa sustentabilidade ao míldio e à cinza, mas tem baixa durabilidade contra a deterioração dos grãos. Esta variedade apresenta um elevado rendimento de 130-150 kV/ha e uma maturação completa do açúcar, que contém 20-30% em anos específicos (2004), e também recolhe menos açúcar, cerca de 19-21% (Susaj, 2012).

A cultivar de uva "Kallmet" dá vinhos alcoólicos de alta qualidade que, numa reunião internacional organizada em 1982 em França, o vinho "Kallmet" foi premiado com uma medalha de ouro. A avaliação sensorial efectuada por enólogos franceses e espanhóis revelou tratar-se de um vinho tinto de cor rubi, de personalidade afirmada, incontestado, de sabor requintado e muito bom gosto (Kongoli, R., Zigori, V., 2008). Este vinho mistura-se bem com os vinhos Cabernet Sauvignon e Merlot. O grau alcoólico depende do ano de produção e varia entre 12,5-14% Vol.

Casta autóctone "Vlosh".

0132 25 Vloshi

A cultivar Vloshi, de origem albanesa, está implantada e difundida no sul da Albânia, nomeadamente nas regiões de Fier, Vlora, Himara, Delvina e Narta.

Descrição

O novo ramo pushëzim denso e vinagre de cor clara.

A cor verde da folha nova é soprada com uma linha fina de vinagre de cor clara. A folha adulta é de tamanho médio, de forma arredondada, com cinco lóbulos divididos por uma piscina profunda. Entre a língua da folha a posição é definida como um funil, placas laterais sinusite cauda são facilmente encontrou-o.

Apresenta folha verde, superfície intensa e ligeiramente rugosa devido à grande presença de saliências e covinhas na superfície superior.

O Veshuli é moderadamente comprimido ou não comprimido, o tamanho médio e a forma cilindriko-conical alongada.

Drunjëzohet veshulit cauda e escorra no momento da cozedura.

Os grãos são de tamanho médio, esféricos, com membrana fina de cor rosa a vermelha.

Os grãos desprendem-se facilmente da cauda, que tem uma cor amarela esverdeada.

O Tuli de grão é líquido e contém 1-2 sementes de tamanho médio e de cor branca a castanha clara.

Como o sistema misto com 3-4 cadeias de produção de poda.

Existe uma elevada mistura clonal, o que torna necessária a seleção clonal.

Casta internacional "Merlot"

A variedade de uva Merlot é muito cultivada em todo o mundo e é uma das principais uvas da região vinícola de Bordéus. Também é cultivada na Albânia, especialmente em áreas de vinha na região montanhosa central da Albânia, em Berat, Elbasan, etc. O cacho de Merlot é de tamanho médio, com forma piramidal e piramidal-redonda. Os bagos são pequenos e redondos, com pele espessa e firme, cobertos de pruína. Esta variedade dá os maiores rendimentos em solos férteis e temperados húmidos e tem uma resistência média à seca. No que respeita à suscetibilidade às doenças, a casta Merlot é muito resistente ao oídio e ao míldio cinzento e sensível ao míldio. Esta casta apresenta uma resistência média às baixas temperaturas invernais. Os vinhos Merlot têm cor vermelho-rubi e aroma a uvas maduras, mel e mistura de frutos do bosque caramelizados

Casta internacional "Cabernet sauvignon"

O Cabernet Sauvignon é a variedade mais importante na região de Bordéus, no sudoeste de França, mas é cada vez mais importante na região de Languedoc, no sul de França. É também muito cultivada na Europa de Leste, na Austrália, no Chile, na Argentina e nos Estados Unidos, na Califórnia e em França.

Washington. É também amplamente cultivada na região montanhosa central da Albânia. A casta Cabernet sauvignon é caracterizada por cachos pequenos a médios, cónicos, soltos a bem cheios, com bagos pequenos, redondos, preto-azulados e de pele espessa. A Cabernet sauvignon é moderadamente suscetível ao oídio. Os seus cachos soltos não são propensos ao apodrecimento dos cachos, mas pode ocorrer apodrecimento quando a seleção de esporões na poda resulta num crescimento de rebentos apinhados. O Cabernet Sauvignon é utilizado exclusivamente para vinhos de mesa secos de qualidade alta a média. Pequenas quantidades podem ser misturadas em vinhos Merlot ou Cabernet franc para fornecer mais estrutura de taninos.

Composição fenólica das uvas e dos vinhos

Os compostos fenólicos representam um grande grupo de moléculas presentes na uva e no vinho, com um papel essencial na enologia. Os compostos fenólicos das uvas contribuem para as caraterísticas organolépticas do vinho, como a cor, o sabor, a adstringência e o amargor, e para a sua capacidade de envelhecimento (Ribereau-Gayon P., 2006). As propriedades antioxidantes dos compostos fenólicos foram também associadas ao consumo moderado de vinho tinto com efeitos benéficos para a saúde (Pitsavos, C., Makrilakis, K., Panagiotakos, D.B., Chrysohoou, C., Ioannidis, I., Dimosthenopoulos, C., Stefanadis, C. e Katsilambros, N. , 2005). Este fenómeno foi inicialmente conhecido como "paradoxo francês" (Renaud, S. e Lorgeril, M., 1992). Mais recentemente, foi dedicado um interesse especial aos compostos fenólicos pela sua capacidade anticancerígena e pelo seu efeito protetor dos neurónios (Ma, L., Cao, T.T., Kandpal, G., Warren, L., Fred Hess, J., Seabrook, G.R. e Ray, W.J., 2010).

A composição fenólica do vinho depende da uva utilizada e dos processos de vinificação que determinam a sua extração para o mosto e as reacções subsequentes. As estruturas dos compostos fenólicos incluem desde anéis aromáticos simples de baixo peso molecular até taninos complexos de elevado peso molecular. Classicamente, distinguem-se dois grupos de compostos fenólicos: os flavonóides, baseados num esqueleto comum C6-C3-C6, e os não flavonóides (Monagas, M., Bartolome, B. e Gomez-Corodoves, C., 2005). Cada grupo está ainda dividido em várias famílias com caraterísticas estruturais comuns que conferem propriedades específicas como a cor, o aroma e o sabor (Cheynier, V., Deunas-Paton, M., Sala, E., Maury, C., Souquet, J.M., Sarni-Manchado, P. e Fulcrand, H., 2006). As uvas têm compostos flavonóides principalmente na pele, nas sementes e no caule e não flavonóides principalmente na polpa, mas também noutras partes das uvas (Zamora, 2003).

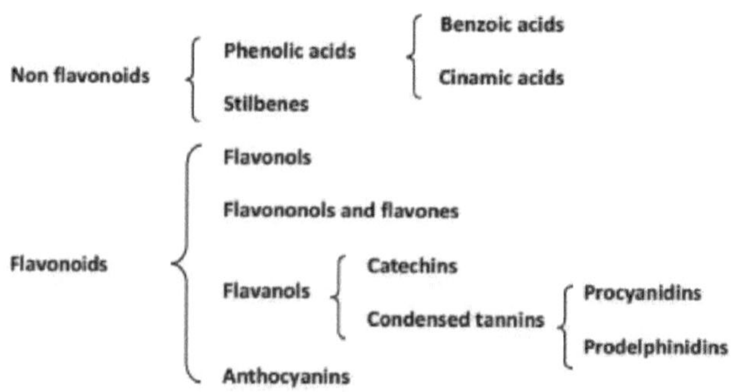

Figura 1 Classificação dos compostos fenólicos (Zamora, 2003).

Não flavonoide

Entre os não flavonóides, os principais compostos são os ácidos fenólicos (ácidos hidroxibenzóicos), os ácidos hidroxicinâmicos e os estilbenos. Os ácidos hidroxibenzóicos baseiam-se numa estrutura C6-C1, um anel de benzeno com um substituinte de cadeia alifática de carbono. Os vários ácidos são diferenciados pela substituição do seu anel benzénico. Os ácidos vanílico, siríngico e gálico são os principais compostos desta subclasse (Figura 1). Vários ácidos hidroxicinâmicos (C6-C3) estão presentes nas uvas e nos vinhos (figura 1). Foram identificados em pequenas quantidades na forma livre, mas estão sobretudo esterificados, nomeadamente com o ácido tartárico (Ribereau-Gayon, 1965). Podem também ser glicosídeos simples da glucose. Uma outra família de polifenóis mais complexos está igualmente presente nas uvas, no vinho e na madeira de carvalho. Os estilbenos têm dois anéis de benzeno, geralmente ligados por uma cadeia de etano ou, eventualmente, de etileno. Entre estes compostos trans-isómeros, pensa-se que o resveratrol, ou 3,5,4- trihidroxistilbeno (Figura 1), é produzido pelas videiras em resposta a uma infeção fúngica (Langcake, 1981).

Ácidos fenólicos

Os compostos de ácidos fenólicos dividem-se em ácidos hidroxibenzóicos e hidroxicinâmicos. Os ácidos hidroxibenzóicos são derivados do ácido benzoico e possuem um esqueleto C6-C1. As uvas contêm ácido gálico na polpa (Lu, Y. e Yeap Foo, L., 1999) e uma forma ligada a ésteres de flavan-3-óis nas sementes (Su, C.T., Singleton, V.L., 1969). No entanto, outros ácidos hidroxibenzóicos e seus derivados podem ser encontrados no vinho (Monagas, M., Bartolome, B. e Gomez-Corodoves, C., 2005).

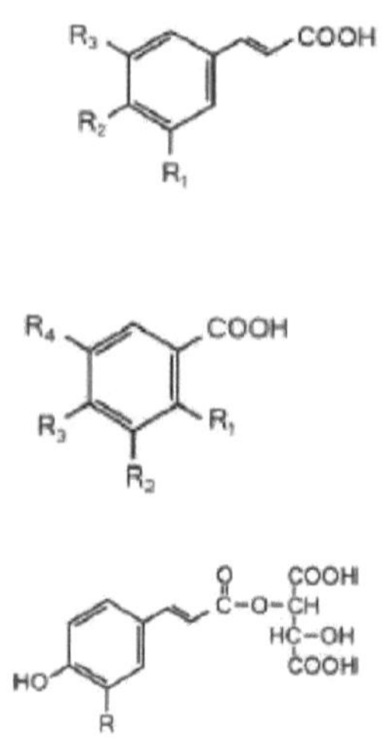

Benzoic Acid	R_1	R_2	R_3	R_4
p-hydroksibenzoic	H	H	OH	H
Protocatechuic	H	OH	OH	H
Vanillic	H	OCH_3	OH	H
Gallic	H	OH	OH	OH
Syringic	H	OCH_3	OH	OCH_3
Salicilic	OH	H	H	H
Gentisic	OH	H	H	OH

Hydroxycinnamic Acid	R_1	R_2	R_3
p-cumaric	H	OH	H
Cafeic	OH	OH	H
Ferulic	OCH_3	OH	H
Sinapic	OCH_3	OH	OCH_3

Hydroxycinnamic ester	R
Trans-caffeoyltartaric acid (caftaric acid)	OH
Trans-p-coumaroyltartric acid (coutaric acid)	H
Trans-feruloyltartric acid (fertaric acid)	OCH_3

Figura 2 Ácido fenólico e derivados (Monagas, M., Bartolome, B. e Gomez-Corodoves, C., 2005).

Ácidos hidroxibenzóicos

Os derivados hidroxibenzóicos do vinho são constituídos pelos ácidos siríngico, *p-hidroxibenzóico*, gentísico, salicílico, gálico e protocatecuico. Os teores de ácidos benzóicos e seus derivados nos vinhos tintos variam entre 50 e 100 mg/L e nos brancos entre 1 e 5 mg/L (Singleton, 1985). O ácido salicílico está presente em teores superiores a 10 mg/L (Muller, C.J., e Fugelsang, K.C., 1994), e os outros derivados estão presentes apenas em quantidades vestigiais. As principais fontes de ácido gálico no vinho são as grainhas de uva e a tosta de carvalho. Nas sementes, o ácido gálico está presente como ácido livre e como éster ligado a polímeros de procianidina (ETS Laboratories., 2006).

Ácidos hidroxicinâmicos

Os derivados hidroxicinamatos do vinho são constituídos pelos ácidos cinâmico, *p-cumárico*, cafeico e caftárico (um éster dos ácidos cafeico e tartárico). Apenas o ácido caftárico é encontrado nas uvas. Tanto o éster como o cinamato livre encontram-se no vinho (ETS Laboratories., 2006). Durante a fermentação alcoólica, ocorre uma hidrólise lenta dos ésteres não flavonóides, resultando em formas livres de ácido e éster. O ácido caftárico e os fenóis ligados ou acilados de forma semelhante são hidrolisados em graus variáveis, dando origem aos ácidos cinâmicos livres correspondentes (Zoecklein et al., 1995). Somers (1987) referiu que a fermentação provocou uma diminuição dos hidroxicinamatos totais em cerca de 20% devido à adsorção pelas leveduras.

Estilbenos

Os estilbenos são derivados do etileno substituídos por dois anéis fenílicos. O anel A tem normalmente dois grupos hidroxilo na *posição m*, enquanto o anel B é substituído por grupos hidroxi e metoxi nas *posições o, m* e *p*. As substâncias mais importantes são o trans-resveratrol e o seu glucósido, designado por picied. Encontram-se amplamente distribuídos em hepáticas e plantas superiores, na forma monomérica e como dímeros, trímeros e estilbenos poliméricos, a chamada viniferina (polidatina), como se mostra na Figura 2 (Gorham, 1980).

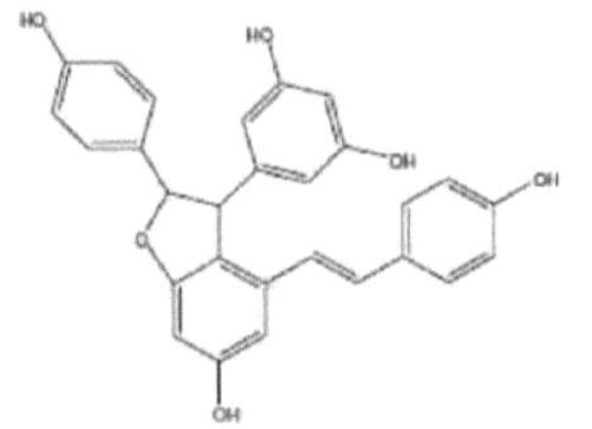

ε-viniferin

Figura 2 Estrutura do estilbeno dimérico mais abundante no vinho tinto

Resveratrol

O resveratrol (3,5,4'-trihidroxiestilbeno) é uma fitoalexina natural produzida por algumas plantas superiores em resposta a infecções ou lesões microbianas ou à exposição à luz UV. Foi quantificado em uvas, amoras, amendoins e nos seus subprodutos. Na medicina popular, os seres humanos também têm resveratrol a partir da utilização de plantas medicinais, por exemplo, as raízes e rizomas de *Polygonum cuspidatum* que são normalmente utilizados na medicina tradicional asiática para o tratamento de várias doenças (Arichi, H., Kimura, Y., Okuda, H., Baba, K., Kozawa, M., e Arichi, S. , 1982). Nas bagas de uva, este composto localiza-se principalmente nas células da epiderme e está ausente ou pouco presente na polpa do fruto (Creasy, L.L. e Coffee, M., 1988). Existem duas formas isoméricas de resveratrol, a forma *cis (c)* e a forma *trans (t)*. No entanto, o *c-resveratrol* é um subproduto da fermentação e raramente se encontra nas uvas (Jeandet, P., Bessis, R., Maume, B.F., Meunier, P., Peyron, D., e Trollat, P., 1995).

O resveratrol é criado através de uma reação de Wittig, que inclui a ligação de 2 anéis aromáticos por uma ponte de metileno (ligação dupla de estireno) com vários grupos hidroxilo. Estes grupos hidroxilo podem ser substituídos por açúcares, grupos metilo e metoxi. O resveratrol é uma fitoalexina devido à sua capacidade de inibir a progressão da infeção fúngica (Moreno-Manas M, Plexats R., 1985). Também é produzido em resposta a infecções ou lesões, e é produzido em quantidades de 50-400μg/g de peso fresco de folhas danificadas (Langcake P, Pryce RJ. , 1976). Encontra-se frequentemente na madeira das videiras, mas também está localizado nas folhas, e em pequenas quantidades na pele das uvas, mas não na polpa (Jeandet P, Bessis R, Gautheron B., 1991). O resveratrol pode ser produzido em discos de folhas de videira a comprimentos de onda de 260-270 nm. O resveratrol não seria produzido à luz solar no exterior porque a gama de comprimentos de onda da luz solar começa nos 300 a 310 nm. Quando os discos de folhas são expostos à radiação UV, o pico de concentração de resveratrol ocorre 20 minutos após a exposição inicial (Langcake P, Pryce RJ, 1977).

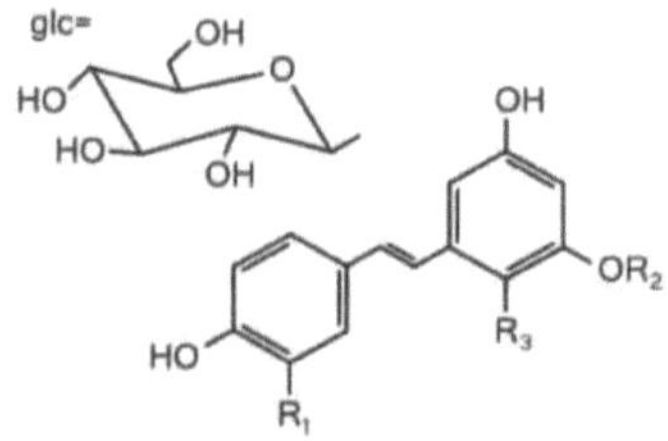

Figura 1.3 Estrutura do estilbeno

Concentração de resveratrol nas uvas e nos vinhos

Nos sumos de uva, o teor total de resveratrol nos sumos tintos varia entre 0,69 e 14,47 mg/L (média de 4,73 mg/L) e nos brancos varia entre não detectado e 1,44 mg/L (média de 0,49 mg/L) (Romero-Perez, A.I., Ibern-Gomez, M., Lamuela-Raventos R.M., e de la Torre-Boronnat, M.C., 1999). Nos sumos, as diferenças no teor de resveratrol entre os sumos de uvas brancas e tintas têm de ser atribuídas à tecnologia de processamento do sumo (ou seja, procedimentos de prensagem e de extração da cor da pele), uma vez que os níveis de *t-resveratrol* nas peles das uvas são semelhantes para os bagos de uvas tintas e brancas (Okuda, T., e Yokotsuka, K., 1996). Nos sumos, os glicosídeos são responsáveis por 90% ou mais do teor total de reseratrol nos sumos (Romero-Perez, A.I., Ibern-Gomez, M., Lamuela-Raventos R.M., e de la Torre-Boronnat, M.C., 1999).

Nível declarado de resveratrol

Uma revisão efectuada por Stervbo (Stervbo, 2007) indicou as concentrações altas, baixas e médias de resveratrol em diferentes tipos de vinho por país, como se pode ver na Tabela 2.2.8.1. Os níveis médios de resveratrol registados para cada casta foram 3,6 ± 2,9 mg/L Pinot Noir, 3,2 ± 1,8 mg/L St. Laurent, 3,0 ± 2,1 mg/L Marzemino, 2,8 ± 2.6 mg/L Merlot, 2,6 ± 1,3 mg/L Blaufrankisch, 1,9 ± 1,7 mg/L Protugieser, 1,9 ± 0,8 mg/L Grenache, 1,9 ± 1,2 mg/L Zweigelt, 1,8 ± 0,2 mg/L Negroamaro, 1.8 ± 0,9 mg/L Shiraz, 1,7 ± 1,7 mg/L Cavernet Sauvignon, 1,6 ± 1,1 mg/L Nero d' Avola, 1,5 ± 0,3 mg/L Teroldego, 1,3 ± 0,7 mg/L Tempranillo, 1,2 ± 0.5 mg/L Cabernet Franc, 1,0 ± 0,3 mg/L Liatiko, 1,0 ± 0,5 mg/L Xinomauro, 0,8 ± 0,5 mg/L Muscat Bailey A, 0,7 ± 0,9 Zinfandel e 0,6 ± 0,2 mg/L Agiorgitiko. Os desvios-padrão destas médias são bastante elevados, o que indica que existe uma grande variação entre os teores de resveratrol de cada vinho específico de diferentes regiões. Alguns dos níveis mais elevados de resveratrol incluem o Pinot Noir da Suíça (11,9 mg/L), o Portugieser da República Checa (4,1 ± 3,0 mg/L), o Merlot do Brasil (4,0 ± 1,0 mg/L) e de Espanha (4,0 ± 2,9) e o Cabernet Sauvignon de Itália (4,0 ± 3,1 mg/L) (Stervbo, 2007). Desde a revisão de Stervbo, foram acrescentados alguns dados a essa informação, incluindo dados de zonas como a Croácia, Turquia, Itália, Hungria e Grécia. Alguns dos níveis notavelmente elevados de resveratrol foram o Dingac da Croácia (4,9 ± 0,3 mg/L), o Merlot da Hungria (3,9 ± 4,0 mg/L) e o Syrah da Grécia (2,55 mg/L) (Nikfardjam MSP, Mark L, Avar P, Figler M, Ohmacht R., 2006) (Kallithraka S, Mamalos A, Makris D., 2007) (Rastija V, Srecnik G, Marica Medic S., 2009). O resveratrol e outros polifenóis podem ser utilizados para determinar regiões geográficas para vinhos na Croácia e na Sicília, utilizando uma análise de agrupamento (Dugo G, Dugo P, Vilasi F, Magnisi R, Mondello L, La Torre GL., 2006) (Rastija V, Srecnik G, Marica Medic S., 2009). Os níveis mais elevados de resveratrol foram registados em climas mais frios, como o Canadá, e as zonas de climas mais quentes, Califórnia, América do Sul e Austrália, apresentaram os níveis mais baixos de resveratrol nos vinhos Cabernet Sauvignon. A relação oposta foi observada nos vinhos Pinot Noir (Goldberg DM, Ng E., 1996). Os níveis de resveratrol nos vinhos produzidos nos Estados Unidos são comparáveis aos níveis médios registados noutros países. Oregon, Califórnia, Idaho e

Washington são os únicos estados que apresentam níveis de resveratrol até à data (Goldberg DM, Ng E., 1996) (Gu X, Creasy L, Kester A, Zeece M., 1999) (Lee J, Rennaker C., 2007).

Factores que afectam a concentração de resveratrol no vinho

A concentração de resveratrol é variável em algumas regiões. As diferenças nas variedades de uvas e nas práticas de vinificação também contribuem para a sua concentração nos produtos em causa.

Variedades

Lamuela-Raventos e Waterhouse (1999) e Goldberg, Hahn e Parkes (1995) verificaram que o vinho da casta Pinot noir continha a concentração média mais elevada de resveratrol, à semelhança de McMurtrey (1997), que também observou um nível elevado de resveratrol no Pinot noir (Lamuela-Raventos, R.M. e Waterhouse, A.L., 1999) (Goldberg, D.M., Hahn, S.E., e Parkes, J.G., 1995) (McMurtrey, 1997). Este valor é 2 ½ vezes superior ao do Cabernet Sauvignon e do Merlot, 4 vezes superior ao do Syrah, 7 e 18 vezes superior ao do Zinfandel e do Cabernet Franc, respetivamente. O Pinot noir parece ter uma elevada capacidade intrínseca para sintetizar resveratrol devido ao facto de ter uma pele relativamente fina que a torna muito sensível a danos traumáticos, à infeção por *Botritis* e à luz UV (Soleas, G.J., Diamandis, E.P. e Goldberg, D.M., 1997a). Além disso, os climas afectam os níveis de resveratrol. Em climas quentes e secos, onde o ataque fúngico é baixo, produz-se uma concentração mais baixa, enquanto que nos climas mais frescos e húmidos de Bordéus e do Canadá, produzem-se vinhos com concentrações muito mais elevadas de resveratrol (Soleas, G.J., Diamandis, E.P. e Goldberg, D.M., 1997a).

Infeção fúngica

Jeandet, Bessis, Sbaghi, Meunier e Trollat (1995) sugeriram que 10% de infeção por fungos poderia levar a um aumento da produção de resveratrol (Jeandet, P., Bessis, R., Sbaghi, M., Meunier, P. e Trollat, P., 1995). No entanto, o desenvolvimento extensivo de fungos pode destruir a indução da formação de resveratrol. A degradação do resveratrol pelo agente patogénico *Botrytis cinerea* em uvas altamente infectadas pode ser devida à presença de atividade de lacase. Além disso, é possível que algumas estirpes de leveduras utilizadas para a inoculação artificial contenham enzimas do tipo lacase capazes de degradar o resveratrol.

Contacto com a pele

As películas das uvas contêm vários polifenóis importantes, nomeadamente *o t-resveratrol*, que só está presente nesta parte. Não é surpreendente que a maioria dos investigadores tenha encontrado uma relação íntima entre a duração do contacto com a pele durante a fermentação e o grau de maceração das peles. Mattivi e Nicolini (Mattivi, F., e Nicolini, G., 1993) referiram que a fermentação do vinho com peles de uva na região de Trentino, em Itália, provocou um aumento do teor de *t-resveratrol* do vinho até aos 4 dias de fermentação, seguido de um patamar até aos 14 dias e de uma queda acentuada a partir daí. Obtiveram-se valores mais baixos se as películas foram retiradas ao 8º dia. A presença de concentrações elevadas de sulfito protegeu o resveratrol contra as perdas devidas ao aumento do pH e da temperatura. Jeandet et al (Jeandet, P., Bessis, R., Maume, B.F., Meunier, P., Peyron, D., e Trollat, P., 1995) confirmaram a importância da maceração pelicular para provocar um aumento de 10 vezes nos dois isómeros (*trans-* e *cis-*) tanto nos vinhos tintos como nos vinhos brancos. Pezet e Cuenat (Pezet, R., e Cuenat., P., 1996) mediram o teor de resveratrol *t-* e *c-* da casta Gammy no mosto em fermentação, bem como nas películas e nas grainhas até ao sexto dia de fermentação macerativa, altura em que as películas e as grainhas foram retiradas e a fermentação maloláctica prosseguiu até ao 46º dia. Salientaram o significado da sua descoberta, após a remoção das peles e das sementes, de um aumento de 4 vezes em ambos os isómeros de resveratrol, que só poderia ser devido à sua formação a partir de um conjunto de glucósidos ou formas oligoméricas através da atividade enzimática das bactérias malolácticas.

Outras práticas enológicas

As manipulações que podem ser aplicadas durante a produção de vinho para aumentar os estilbenos, bem como outros fenólicos, incluem o tratamento do sumo com enzimas pectolíticas comerciais. Isto pode aumentar a quantidade de resveratrol em 50%. As enzimas quebram a hipoderme das peles, libertando sabor e compostos fenólicos (Wightman, J.D., Price, S.F., Watson, B.T., e Wrolstad, R.E., 1997). Muitos vinhos, após a conclusão da fermentação, são transferidos para barris de carvalho para um período de envelhecimento. Diferentes tipos de carvalho conferem diferentes caraterísticas de sabor que são realçadas pela tostagem dos barris. Soleas, Goldberg, Kuramanchiri, Diamandis, e Ng (Soleas, G.J.,

Goldberg, D.M., Kuramanchiri, A., Diamandis, E.P., Ng, E., 1995) relataram que o envelhecimento de vinhos tintos do Ontário em carvalho durante um ano levou a uma perda média de 68% para o *t-resveratrol* e 58% para o *c-resveratrol*. Quando os vinhos são envelhecidos em carvalho, ocorrem perdas importantes de isómeros de resveratrol, mesmo quando os vinhos são mantidos frescos e sem luz. A precipitação, a oxidação ou a absorção pelo carvalho durante o envelhecimento parecem ser os mecanismos activos. A filtração antes do engarrafamento é outra prática muito utilizada na vinificação. A maior parte dos agentes clarificantes tradicionalmente utilizados (por exemplo, clara de ovo, terra de diatomáceas, bentonite e gelatina) causam pouco efeito, enquanto o PVPP diminui os níveis de todas as formas de resveratrol até 90% (Vrhovsek, U., Wendelin, S., e Eder, R. , 1997). As almofadas filtrantes comerciais removem seletivamente quantidades significativas de *t-resveratrol*, enquanto o tratamento com carvão vegetal causa grandes perdas em ambos os isómeros (Soleas, G.J., Goldberg, D.M., Kuramanchiri, A., Diamandis, E.P., Ng, E., 1995). Por último, o facto de o resveratrol e outros polifenóis estarem presentes em concentrações elevadas nas grainhas de uva levou à proposta de que os mostos de uva enriquecidos em grainhas extrairiam mais resveratrol durante a fermentação (Kovac, V., Alonso, E., Revilla, E., 1995).

Absorção e biodisponibilidade

Foram utilizados modelos de ratos para determinar a absorção do resveratrol pelo organismo e por órgãos específicos. O resveratrol marcado com isótopos de rádio foi administrado por via oral e 50-75% do resveratrol administrado foi absorvido (Soleas GJ, Angelinin M, Grass L, Diamandis EP, Goldberg DM., 2001). O resveratrol é absorvido nas formas de aglicona e de glucuronido. O glucuronídeo de resveratrol é constituído por 95 ± 4,6% de resveratrol e pelo seu conjugado glucuronídeo, deixando uma pequena percentagem na forma de aglicona. Pensa-se que pode voltar a transformar-se na sua forma original na presença de β-glucuronidases, que estão presentes nos macrófagos em torno da inflamação e nas células sob stress oxidativo (Kuhnle G, Spencer JPE, Schroeter H, Shenoy B, Debnam ES, Srai SKS, Rice-Evans C, Hahn U., 2000b); (Marier J-F, Vachon P, Gritsas A, Zhang J, Moreau J-P, Ducharme MP., 2002). Soleas e outros (2001) observaram que os ratos que receberam 0,5, 1,5. 2,5 mg de resveratrol em 1 mL de etanol a 20% tinham concentrações séricas de 2,5, 3,6 e 5,7 µg/L, respetivamente, sessenta minutos após a dose. Uma dose crónica de resveratrol (6,5mg/L) mostrou concentrações iniciais de resveratrol no plasma e no fígado 30 minutos após a administração, enquanto que o rim e o coração continham níveis mensuráveis de resveratrol 60 minutos após a ingestão (Bertelli AAE, Giovannini L, Stradi R, Bertelli A, Tillement J-P., 1996a). A dosagem aguda de vinho tinto com um teor total de resveratrol de 28,24 µg mostrou que os tecidos do plasma e do fígado apresentavam concentrações máximas 1 hora após a ingestão e diminuíam continuamente depois disso. Os tecidos do coração e dos rins registaram um atraso no pico de concentração (Bertelli AAE, Giovannini L, Stradi R, Urien S, Tillement J-P, Bertelli A., 1996b). Noutro estudo, a radioatividade da bílis, da urina e do sangue foi recolhida 1,5, 3 e 6 horas após a administração de 5 mg/kg de resveratrol marcado radioactivamente através de intubação gástrica. Inicialmente, o sangue apresentava concentrações baixas, enquanto a bílis e a urina apresentavam concentrações elevadas, com os níveis de urina a diminuir ao longo da experiência. Utilizando a autoradiografia, as concentrações mais elevadas após 3 horas encontravam-se no estômago, fígado, rins e intestinos. A autoradiografia também mostrou que o resveratrol foi capaz de penetrar nos tecidos dos órgãos (Vitrac X, Desmouliere A, Brouillaud B, Krisa S, Deffeiux G, Barthe N, Rosenbaum J, Merillon J-M., 2003). Com base nas informações comunicadas, as concentrações sanguíneas de resveratrol foram detectáveis nos 30 minutos seguintes à administração da dose, mas atingiram um pico cerca de 60 minutos. Os tecidos hepáticos também apresentavam concentrações elevadas de resveratrol no espaço de 30 minutos, uma vez que o fígado actua como um filtro após a ingestão. Este facto também se correlaciona com o aumento dos níveis plasmáticos, uma vez que o plasma é necessário para transportar o resveratrol para outros órgãos do corpo, o que explica o atraso nas concentrações no coração e nos rins (Bertelli AAE, Giovannini L, Stradi R, Urien S, Tillement J-P, Bertelli A., 1996b). Os níveis de resveratrol na urina e nos rins aumentaram 60 minutos após a ingestão e depois diminuíram de forma constante (Bertelli AAE, Giovannini L, Stradi R, Bertelli A, Tillement J-P., 1996a). Ambos os estudos de Bertelli indicam que o rim é a via de eliminação do resveratrol pelo organismo. Num estudo humano, o resveratrol em doses de 25 mg/70 kg obteve uma concentração de 10-40 nmol/L no sangue. Este valor foi muito inferior (5-100µM/L) aos relatórios *in vitro* sobre os efeitos anticancerígenos, anti-inflamatórios e quimiopreventivos citados na secção de doses funcionais deste artigo (Goldberg DM, Yan J, Soleas GJ., 2003).

Flavonóides

Os flavonóides caracterizam-se por um esqueleto básico de 15 átomos de carbono (C6-C3-C6) do tipo 2-fenilbenzopireno e dividem-se em quatro subclasses principais em função do estado de oxidação do anel pirano: os flavonóis, os flavanonóis e as flavonas, os flavanóis e as antocianinas (Cheynier, V., Moutounet, M. e Sanri-Manchado, P., 2000). Entre eles, os flavanóis e as antocianinas são os mais abundantes na uva e no vinho e são particularmente importantes para a qualidade do vinho tinto.

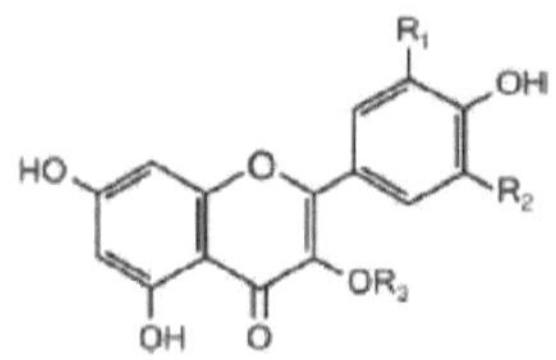

Flavonol	**R1**	**R2**	**R3**
Kaempherol	H	H	H
Kaempherol-3-O-glukoside	H	H	glc
Kaempherol-3-O-galaktoside	H	H	gal
Kaempherol-3-O-glukuronide	H	H	gluc
Quercetin	OH	H	H
Quercetin-3-O-glukoside	OH	H	glc
Quercetin-3-O-glucuronid	OH	H	gluc
Myricetin	OH	OH	H
Myricetin-3-O-glukoside	OH	OH	glc
Myricetin-3-O-glukuronide	OH	OH	glu
Isorhamnetin	OCH_3	H	H
Isorhamnetin-3-O-glukoside	OCH_3	H	glc

Figura 4 Estruturas dos flavanóis (Monagas, M., Bar!olorë, B. e G6mez-Cordovës, C., 2005) **Flavonóis**

Os flavonóis são pigmentos amarelos que actuam como protectores contra a irradiação da luz ultravioleta (Flint, S.D., Peter W. Jordan, P.W. e Caldwell, M.M., 1986). Encontram-se principalmente na película da uva (Cheynier e Rigaud 1986), embora também tenham sido detectados na polpa (Pereira, G.E., Gaudillere, J.-P., Pieri, P., Hilbert, G., Maucourt, M., Deborde, C., Moing, A. e Rolin, D, 2006). Nas uvas, estão presentes sobretudo sob a forma glicosilada das quatro principais agliconas (figura 4). No vinho, observa-se também a forma aglicona, mas esta é provavelmente originada pela hidrólise das formas glicosiladas durante o processo de vinificação (Cheynier, V., Moutounet, M. e SanriManchado, P., 2000).

Flavanonóis e flavonas

Os flavanonóis astilbina e engeletina são os compostos mais comuns deste grupo (Figura 5). Foram identificados na película e no vinho de uvas brancas (Trousdale, E.K., e Singleton, V.L., 1983), no bagaço de uva (Lu, Y. e Yeap Foo, L., 1999), nos engaços de uva (Souquet, J.M., Labarbe, B., Le Guernevë, C., Cheynier, V. e Moutounet, M., 2000) e também no vinho tinto (Vitrac, X., Castagnino, C., Waffo-Teguo, P., Delaunay, J-C., Vercauteren, J., Monti, J-P., Deffieux, G. e Merillon, J-M., 2001). As flavonas apresentam uma estrutura semelhante à dos flavonóis (Figura 5). Os compostos que são detectados no vinho são a apigenina, a baicaleína e a luteolina (Wang, S-P. e Huang, K-J., 2004).

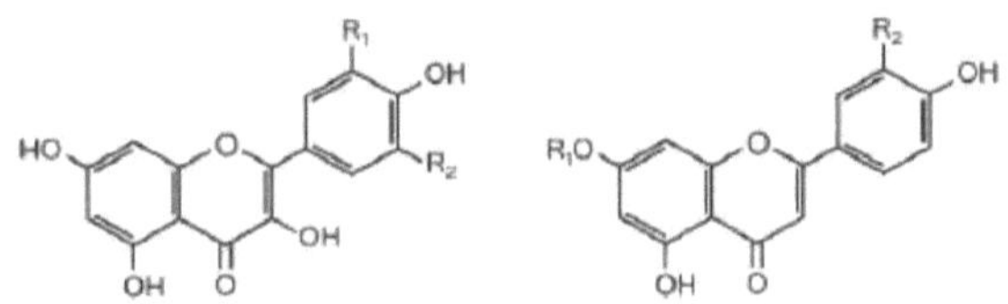

Figura 5 Estrutura dos flavanonóis e das flavonas

Flavanóis

Flavanóis ou flavan-3-ols são encontrados em altas concentrações em sementes, pele e caule de uvas (Escribano-Bailon, M.T., Guerra, M.T., Rivas-Gonzalo, J.C. e Santos-Buelga, C., 1995); (Souquet, J.M., Labarbe, B., Le Guernevë, C., Cheynier, V. e Moutounet, M., 2000); (Su, C.T., Singleton, V.L., 1969). Desempenham um papel importante nas caraterísticas organolépticas do vinho e encontram-se na forma monomérica, oligomérica e polimérica. Os monómeros de flavan-3-óis são frequentemente designados por "catequinas" e distinguem-se pelo grau de hidroxilação do anel B. Na sua estrutura apresentam dois carbonos assimétricos (C2 e C3), o que possibilita a existência de quatro isómeros ópticos para cada catequina, a (+)/(-) catequina e a (+)/(-) epicatequina (Figura 6). Além disso, a presença de um terceiro grupo OH no anel aromático B conduz aos correspondentes (+)/(-) galocatequina e (+)/(-) epigalocatequina. Na natureza, estes monómeros são encontrados como tal, embora também possam ser encontrados derivados metilados, glicosilados ou acilados, principalmente os derivados esterificados pelo ácido gálico na posição C3.

Nas uvas, os principais monómeros de flavan-3-óis são a (+)-catequina, o seu isómero (-)-

epicatequina e, numa concentração relativamente elevada, a (-)-epicatequina-3-galato (Cheynier, V., Moutounet, M. e SanriManchado, P., 2000). Também, em menor concentração, a (+)-galocatequina (Piretti, M.V., Ghedini, M. e Serrazanetti, G., 1976), a (-)-epigalocatequina (Escribano-Bailon, M.T., Guerra, M.T., Rivas-Gonzalo, J.C. e Santos-Buelga, C., 1995), (+)-catequina-3-galato e (+)-galocatequina-3-galato (Lee, C.Y. e Jaworski, A.W., 1990). No entanto, os monómeros de flavan-3-óis representam apenas uma pequena proporção, uma vez que a maior parte dos flavan-3-óis se encontra na forma oligomérica e polimérica (Zamora, 2003).

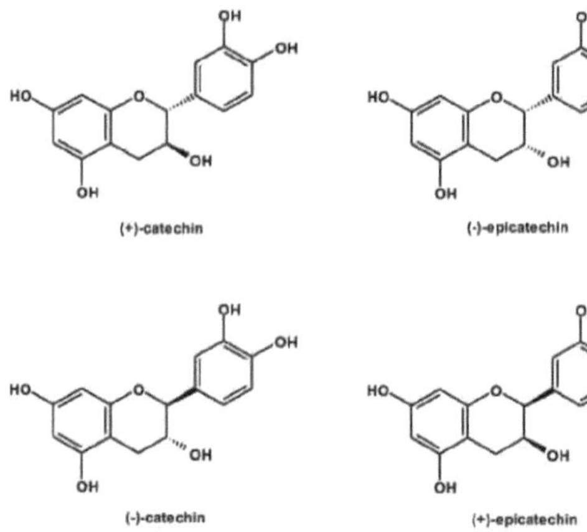

Figura 6 Estrutura das catequinas e da epicatequina.

Antocianinas

As antocianinas estão localizadas principalmente no tecido da película das uvas tintas e são responsáveis pela cor do vinho tinto (Zamora, 2003). As antocianinas são pigmentos solúveis em água, constituídos por uma aglicona (ou antocianidina), derivada do ião flavílio ou fenil-2-benzopirílio, variadamente substituído, que se encontra ligado a uma ou mais moléculas de açúcar, que por sua vez podem ser esterificadas com diferentes ácidos orgânicos. As antocianinas da uva e do vinho de *Vitis vinifera* são os monoglucósidos 3-O e os monoglucósidos 3-O-acilados das antocianidinas, delfinidina, cianidina, petunidina, peonidina e malvidina. Diferem entre si pelo número e pela posição dos grupos hidroxilo e metoxilo situados no anel B da molécula, como mostra a figura 7 (Monagas, M. e Bartolomeu,

B., 2009). Além disso, foram também detectadas antocianinas à base de pelargonidina em uvas tintas e vinhos (Castillo-Munoz, N.,Gomez-Alonso, S., Garda- Romero, E., Victoria Gomez, M., Velders, A.H.,Hermosm-Gutiërrez, I., 2009).

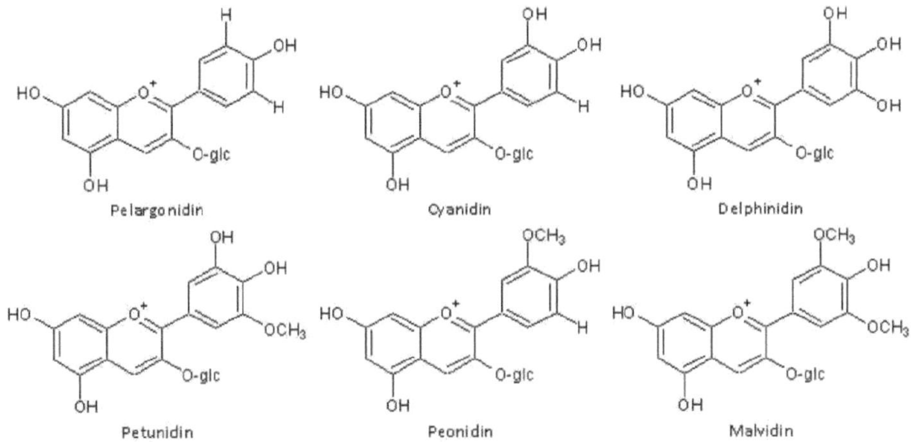

Figura 7 Estrutura da antocianina.

As antocianinas são os pigmentos vermelhos da casca da uva que desempenham um papel importante na cor do vinho. Há várias formas de antocianinas que existem em equilíbrio no pH do vinho (Figura 8) (Somers, T.C., Verette E., 1988). No pH do vinho, a percentagem de antocianinas totais na forma vermelha, flavílio, é inferior a 25% (Singleton, 1988). Quando o dióxido de enxofre é adicionado ao vinho, combina-se com a forma flavílio, resultando num equilíbrio adicional entre a forma colorida e o aduto de bissulfato não colorido.

A cor das soluções de antocianinas é também influenciada pela presença de outros componentes no meio que causam mudanças de cor para violeta (efeito batocrómico) e um aumento de intensidade (efeito hipercrómico). A co-pigmentação, efeito causado pela pi-complexação de compostos aromáticos pobres em electrões e ricos em electrões, é importante no vinho por várias razões. Principalmente, este efeito aumenta a solubilidade dos flavonóides específicos do vinho, nomeadamente os taninos condensados e os flavanóis por interação com as antocianinas; o inverso também é importante. Este efeito aumenta geralmente a absorvância e, em certos casos, desloca o comprimento de onda de absorção máxima. A magnitude do efeito de co-pigmentação demonstrou ser dependente das estruturas e das quantidades de moléculas de antocianina e de copigmentos, do pH, da temperatura e da composição da solução solvente aquosa (Brouillard R. e Dangles O., 1994). No pH do vinho, podemos considerar que existe um equilíbrio entre as diferentes formas. A forma vermelha flavylium está presente apenas numa pequena proporção, enquanto a maior parte das antocianinas se encontra em formas incolores ou fracamente coloridas.

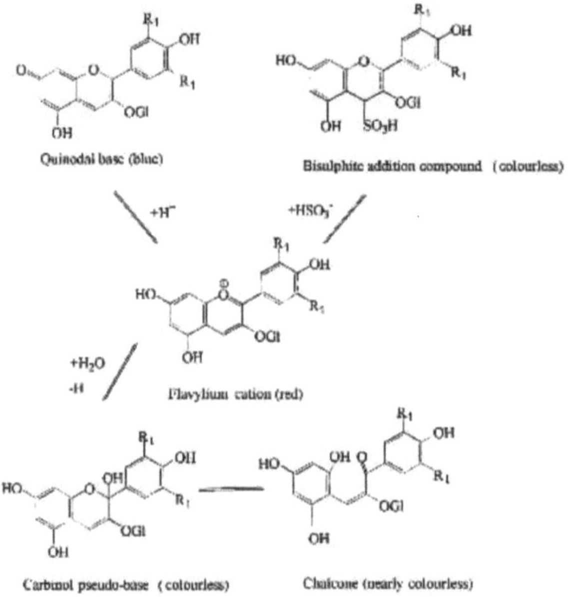

Figura 8 Diferentes estruturas de equilíbrio das antocianinas a diferentes pH.

Influência da composição fenólica na perceção sensorial do vinho

Para a produção de vinhos de alta qualidade é crucial, sem qualquer dúvida, o grau de maturação das uvas. É de notar que o processo de maturação afecta não só a concentração de açúcares e ácidos nos bagos, mas também exerce, como já foi referido, um grande efeito na composição fenólica das uvas.

A composição em antocianos e flavanos-3-óis das uvas na altura da vindima tem uma grande influência na cor do vinho e na estabilidade da cor durante o envelhecimento do vinho. Por conseguinte, uvas mais maduras permitiriam a elaboração de vinhos de cor vermelha profunda. As uvas maduras, para além de terem uma maior concentração de antocianinas, apresentam também uma maior capacidade de extração de compostos fenólicos da película da uva. As diferenças de polissacáridos, à base de galactose e arabinose, juntamente com o teor de celulose e o grau de metilação das pectinas, podem ser responsáveis pela diferente extractibilidade das antocianinas, tendo em conta que as diferenças na espessura ou densidade da parede celular da película também podem influenciar a extractibilidade (Ortega-Regules, A., Romero-Cascales, I., Ros-Garcia, J.M., Lopez-Roca, J.M. e Gomez-Plaza, E., 2006).

Além disso, a composição de flavan-3-ols das uvas, especialmente a partir das sementes, afecta a adstringência e a intensidade tânica das uvas e dos vinhos. A tendência é para diminuir à medida que o grau de maturação aumenta (Llaudy, M.C., Canals, R., Canals, J.M. e Zamora, F., 2008). Este facto não está apenas relacionado com a quantidade total de flavanos-3-óis, uma vez que, por vezes, amostras com teores mais elevados de flavanos-3-óis podem apresentar menor adstringência e intensidade tânica do que outras com teores mais baixos (Ferrer-Gallego, R., Garcia-Marino, M., Miguel Hernandez-Hierro, J., Rivas-Gonzalo, J.C. e Escribano-Bailon, M.T., 2010). Foi sugerido que o perfil qualitativo das uvas pode afetar estes parâmetros sensoriais (Vidal, S., Francis, L., Guyot, S., Marnet, N., Kwiatkowski, M., Gawel, R., Cheynier,V. e Waters, E.j., 2003). Por esta razão, uma diminuição da galoilação durante a maturação da uva pode diminuir a adstringência das uvas e dos vinhos. Por outro lado, quanto maior for o grau de polimerização, maior será a adstringência (Vidal, S., Francis, L., Guyot, S., Marnet, N., Kwiatkowski, M., Gawel, R., Cheynier,V. e Waters, E.j., 2003), pelo que o grau de polimerização das proantocianidinas da uva na altura da vindima terá um efeito na adstringência do vinho.

É evidente, portanto, que a composição fenólica das uvas na altura da vindima determinará a qualidade do vinho. Por esta razão, e também porque os consumidores exigem vinhos de cor vermelha profunda, encorpados, com taninos suaves e aromas frutados, todo o trabalho na vinha tem sido orientado nos últimos anos para a procura de uma maior maturidade.

A figura 9 mostra que não existe necessariamente uma relação direta entre a maturação da polpa e a concentração fenólica das uvas tintas. Este facto torna essencial a introdução do conceito de maturação fenólica, que mede o potencial das proantocianidinas e antocianinas presentes nas uvas, bem como a sua capacidade de serem extraídas das uvas durante a vinificação.

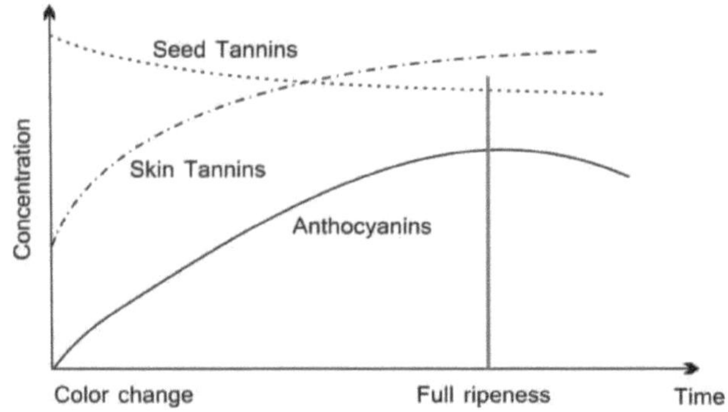

Figura 9 Evolução dos compostos fenólicos da uva durante a maturação da uva (Ribereau-Gayon P., 2006)

A composição fenólica das uvas e do vinho tem uma importância significativa na qualidade do vinho. Especificamente, os compostos mais abundantes, as antocianinas e os flavan-3-óis, e a sua reatividade durante a vinificação e o envelhecimento definem a cor do vinho, a adstringência, o amargor e a evolução de todos estes atributos sensoriais.

As antocianinas dependem estruturalmente das condições e da composição do meio vínico. O pH do vinho e a presença de sulfitos provocam a descoloração das antocianinas. No entanto, os vinhos tintos jovens parecem ter uma cor vermelha intensa como produto de diferentes mecanismos. A copigmentação é um dos principais mecanismos que provocam a estabilização da cor (Boulton, 2010). Também é possível que a copigmentação seja a primeira etapa na formação de novos pigmentos mais estáveis, afectando assim a estabilidade da cor do vinho (Brouillard R. e Dangles O., 1994). Como foi demonstrado acima, dependendo do tipo de antocianinas e copigmentos e também das suas concentrações, haverá variações na cor e intensidade do vinho. Pensa-se que a contribuição da copigmentação na cor dos vinhos jovens é bastante elevada e diminui gradualmente durante o envelhecimento (Hermosin Gutierrez, I.H., Lorenzo, E.S.P., Espinosa, A.V. , 2005).

A condensação direta antocianina-flavan-3-ol, através dos dois mecanismos diferentes, produz compostos incolores ou dá lugar à formação de pigmentos xantílicos amarelados. A contribuição destes pigmentos, que apresentam tonalidades violetas, parece contribuir mais indiretamente do que diretamente para a cor do vinho. Estes compostos encontram-se em quantidades muito pequenas no vinho, muito provavelmente devido à sua instabilidade que provoca a sua clivagem. A sua contribuição para a cor do vinho parece ser negligenciável, uma vez que estão presentes em baixas concentrações.

Além disso, as porções ligadas ao etilo, após a clivagem, podem reagir de novo e dar origem a derivados da ponte etílica ou a flavano-pirano-antocianinas. Além disso, na presença de uma concentração suficiente de acetaldeído, os pigmentos ligados ao etilo polimerizam-se progressivamente, dando origem a grandes polímeros que, após um tamanho crítico, precipitam (Rivas-Gonzalo, J.C., Bravo-Haro, S. e Santos-Buelga, C., 1995), o que conduz indiretamente à alteração gradual da cor. A formação das piranoantocianinas mais estáveis parece promover a mudança da cor púrpura-vermelha inicial em tons mais alaranjados. Embora apareçam em concentrações muito pequenas, como apresentam estabilidade sob valores de pH e branqueamento com sulfito, é possível que a sua contribuição na cor seja significativa. Por outro lado, as portisinas apresentam uma cor azulada e encontram-se em pequenas quantidades principalmente nos vinhos do Porto. No entanto, acredita-se que estes pigmentos contribuem para a alteração da cor do vinho (Mateus, N., Silva, A.M.S., Rivas-Gonzalo, J.C., Santos-Buelga, C. e De Freitas,V., 2003).

Outros pigmentos mencionados, como os aductos de ácido caftárico-antocianina, os elagitaninos de antocianina ou os monómeros de antocianina, encontram-se em concentrações muito baixas no vinho e são necessários mais estudos para definir a sua importância na cor do vinho.

Todas estas alterações estruturais progressivas parecem resultar numa mudança gradual da cor púrpura inicial para tons castanho-avermelhados. Além disso, os compostos fenólicos são responsáveis por caraterísticas organolépticas essenciais do vinho tinto, como a adstringência e o amargor.

O amargor é um dos sabores básicos e é induzido principalmente pelos flavan-3-óis. Foi demonstrado que o amargor diminui do monómero para o trímero de flavan-3-óis (Peleg, H., Gacon, K., Schlich, P. e Noble, A.C., 1999). A intensidade do amargor é maior quando o nível de etanol aumenta. Além disso, uma vez que o amargor é uma sensação gustativa resultante de uma interação entre compostos amargos e receptores específicos da língua, o aumento do amargor pode estar diretamente relacionado com o aumento da concentração de compostos amargos (Fontoin, H., Saucier, C., teissedre, P.L. e Glories, Y., 2008). Por fim, parece que os flavan-3-óis com pontes etílicas formados durante o envelhecimento do vinho podem aumentar o amargor (Vidal, S., Francis, L., Noble, A., Kwiatkowski, M., Cheynier, V. e Waters, E., 2004a).

Ao contrário do amargor, a adstringência é uma sensação tátil mais frequentemente descrita como secura, aspereza e enrugamento do epitélio da cavidade oral. A American Society for the Testing of Materials define a adstringência como a sensação complexa devida ao encolhimento, ao estiramento ou ao enrugamento do epitélio em resultado da exposição a substâncias como os alúmenes ou os taninos (ASTM, 1989). Embora o mecanismo de base da adstringência ainda não seja bem compreendido, sugere-se que a adstringência oral resulta principalmente da precipitação de proteínas salivares, o que prejudica a lubrificação natural das superfícies orais (Green, 1993). As proantocianidinas do vinho podem interagir e precipitar as proteínas salivares.

A sensação de adstringência depende da concentração de flavan-3-óis e da estrutura química, embora a concentração pareça ser menos importante do que a estrutura química. Do monómero ao trímero, a adstringência aumenta (Peleg, H., Gacon, K., Schlich, P. e Noble, A.C., 1999). Também nos polímeros maiores de proantocianidina a perceção da adstringência aumenta com o peso molecular, bem como com o grau de faloilação (Vidal, S., Francis, L., Guyot, S., Marnet, N., Kwiatkowski, M., Gawel, R., Cheynier,V. e Waters, E.j., 2003). No entanto, existem diferentes opiniões sobre a influência das proantocianidinas de elevado peso molecular na adstringência. Alguns autores referiram que as proantocianidinas com tamanho molecular médio superior a 7 são insolúveis e incapazes de contribuir para a adstringência (Lee 1990). No entanto, estudos mais recentes demonstraram que as proantocianidinas de elevada polimerização são solúveis numa solução aquosa-alcoólica semelhante à do vinho e são muito adstringentes (Vidal et al. 2003).

Considera-se que a adstringência em geral diminui durante o envelhecimento do vinho. Algumas das reacções de condensação que ocorrem entre as antocianinas e os flavan-3-óis podem contribuir para a diminuição da adstringência do vinho (Vidal et al. 2004a). Uma outra teoria é que as proantocianidinas sofrem reacções de clivagem por catálise ácida, tornando-se assim mais pequenas e reduzindo a adstringência (Cheynier et al. 2006).

A adstringência dos flavan-3-óis não está apenas relacionada com a sua estrutura química e concentração. O teor de etanol e o pH do vinho também afectam a adstringência das proantocianidinas. Observa-se que o aumento do teor de etanol e do pH diminui a adstringência (Fontoin et al. 2008).

CAPÍTULO 2

Resumo.

A cor representa um parâmetro importante da qualidade do vinho. Caracteriza a espécie, o tipo, a composição e a idade do vinho. Ao contrário dos vinhos brancos, a cor do vinho tinto é determinada pela presença de algumas substâncias específicas - os pigmentos antociânicos. Uma grande importância na cor do vinho tinto apresenta substâncias inquilinas, acidez, metais, substâncias redutoras. A cor do vinho é afetada por vários factores, entre os quais os mais importantes são a casta, o pH, a temperatura, os tratamentos enológicos e o envelhecimento. Foram efectuados estudos sobre quatro vinhos tintos de castas autóctones albanesas (Serin i zi, Debin e zeze, Shesh i zi, Kallmet) e dois vinhos tintos de castas internacionais Merlot e Cabernet Sauvignon, cultivadas na Albânia. As caraterísticas cromáticas dos vinhos foram determinadas pelo método espetrofotométrico. Para o efeito, foram medidos os seguintes indicadores: a intensidade da cor, a tonalidade da cor do vinho, a percentagem de vermelho, amarelo e azul e as variáveis definidas X, Y, Z, utilizando o sistema CIE (Commission Internationale de l'ECLAIRAGE).

Palavras-chave: Vinho tinto, cor, envelhecimento em garrafa, variáveis C.I.E.

Introdução

A cor é uma das principais caraterísticas organolépticas utilizadas para determinar a qualidade e a aceitabilidade do vinho. A utilização de painéis sensoriais para medir a cor é complexa, morosa, dispendiosa e sujeita a erros devido à variabilidade da apreciação humana. Seria, portanto, útil dispor de um sistema objetivo de medição das caraterísticas espectrais e das coordenadas de cor das amostras.

A apreciação objetiva da cor é feita através de métodos foto-colorimétricos ou espectrofoto-colorimétricos, sendo a expressão feita através da absorção de alguma radiação no espetro visível. Da mesma forma, o método mais preciso de expressão da cor no vinho é o método que restitui a absorção de todas as cores que formam a cor caraterística do produto alimentar. A cor vermelha dos vinhos é devida principalmente às antocianinas e aos pigmentos poliméricos e depende de vários factores, incluindo a idade do vinho, mas a medição da idade de um vinho é um problema não resolvido [1, 4]. A nível internacional foram realizados estudos que atestam o facto de existir uma forte correlação entre o local de origem (vinha), a casta e as propriedades cromáticas dos vinhos tintos produzidos a partir dessas castas [6, 7, 8, 9].

Para uma caraterização simples e global da cor do vinho tinto, com base nas densidades ópticas e nas caraterísticas da largura de banda, previmos uma série de índices, dos quais recordamos: a intensidade da cor, a tonalidade e o peso de cada cor. A determinação da cor do vinho tinto pode ser avaliada somando os três componentes: vermelho, amarelo e azul. A componente vermelha (absorvância a 520 nm) é atribuída aos antocianos livres sob a forma de catiões de flavilium e às combinações de antocianos-taninos nos vinhos velhos. O componente amarelo (absorvância a 420 nm) é atribuído aos taninos e aos produtos de degradação dos antocianos. A componente azul (absorvância a 620 nm) é atribuída aos antocianos livres sob a forma chinónica ou a combinações entre taninos e antocianos.

O sistema de cor C.I.E. é um meio mais objetivo de especificar a cor de acordo com as recomendações da Comissão Internacional de Iluminação em termos de um sistema tristimulus, um observador padrão definido e um sistema de coordenadas particular. No sistema C.I.E., a cor é especificada em termos dos três valores primários: âmbar - X, verde - Y, e azul - Z. Estes valores podem ser obtidos com espectrofotómetros. A partir dos valores tristimulares, as proporções de cada primário são calculadas como os seguintes rácios:

$$x = \frac{X}{X+Y+Z} \quad y = \frac{Y}{X+Y+Z}$$

$$z = \frac{Z}{X+Y+Z}$$

Estas coordenadas são designadas por coordenadas de cromaticidade ou coeficientes tricromáticos. Uma vez que x + y + z = 1, é suficiente utilizar x + y para definir a cromaticidade. As coordenadas x e y podem ser representadas num diagrama de cromaticidade e a cor do alimento de teste pode ser localizada na cor e no espaço.

Um terceiro sistema, o sólido de cor Hunter, tenta reconciliar as diferenças entre os espaços de cor Munsell e C.I.E.. Os parâmetros de cor são L, ± a, e ± b, em que L é a luminosidade visual. Embora a cor do vinho desempenhe um papel importante na qualidade final do vinho tinto, as alterações de cor que sofre durante o envelhecimento em garrafa não são totalmente avaliadas [5, 11, 12].

O objetivo deste trabalho é fazer uma avaliação preliminar das nossas castas autóctones em relação ao potencial de criação de vinhos tintos de qualidade, no que diz respeito ao parâmetro cor, em comparação com vinhos produzidos por castas internacionais. Para este efeito, foram definidos os indicadores, os parâmetros colorimétricos e as variáveis CIELAB para os vinhos tintos elaborados a partir das castas autóctones Serin i zi, Debin e zeze, Shesh i zi, Kallmet, e das castas internacionais Merlot e Cabernet Sauvignon. Estes indicadores foram definidos para os vinhos produzidos em 2009 e 2011.

Materiais e métodos

Amostras de vinho tinto

Para este trabalho foram estudados vinhos tintos produzidos a partir de castas albanesas Serin i zi, Debin e zezë, Shesh i zi, Kallmet, e castas internacionais Merlot e Cabernet Sauvignon cultivadas na Albânia. As uvas foram colhidas no seu estado maduro, trazidas para a cantina da Faculdade de Biotecnologia e Alimentação, onde foi produzido vinho tinto utilizando o método tradicional de vinificação. O processo de fermentação foi controlado diariamente e a temperatura de fermentação oscilou entre 25-27^0 C. No final da fermentação, os vinhos tintos não foram filtrados. Antes do engarrafamento, o nível de SO2 foi regulado para 30mg/L, sendo depois armazenado na cave da Faculdade de Biotecnologia e Alimentação. Foram analisados vinhos tintos novos e vinhos tintos envelhecidos durante dois anos a partir das castas acima referidas.

Medidas de cor

Intensidade da cor (IC), Tonalidade (T): A IC e a T foram determinadas utilizando a absorvância espectrofotométrica dos vinhos tintos a 420, 520 nm (Glories, 1984), e os seguintes cálculos:

$$CI = Abs^{420} + Abs^{520}$$

$$T = Abs^{420}/Abs^{520}$$

As transmitâncias espectrais nos espectros visíveis (λ = 380 - 780nm) foram medidas com o espetrofotómetro. Para obter os valores tristimulares, foram utilizadas as recomendações da Comissão Internacional da Iluminação: CIE 1931, 1964 (x,y) sistema (CIEXYZ), CIE 1976 (L*a*b*) espaço (CIELAB), CIE 1986 e CIE 1995 foram aplicadas, usando como referências o CIE 1995 [3]. Foi utilizada água destilada como branco de referência. Cada medição foi efectuada em triplicado.

Resultados e discussão

Os resultados obtidos da análise da tonalidade e da intensidade da cor dos nossos vinhos tintos em estudo são apresentados nos histogramas 1 e 2.

Os vinhos tintos jovens são caracterizados por valores baixos de coloração, que não excedem T=0,6 [5].

Comparando os resultados dos valores de absorvância dos vinhos tintos produzidos a partir de castas autóctones para a cor (T) e a intensidade da cor (I), observamos que a cor aumenta durante o envelhecimento, enquanto que a intensidade da cor (IC) diminui. Isto está de acordo com a regra que diz que a leitura da absorvância para vinhos envelhecidos a 520 nm diminui enquanto que a 420 nm aumenta, devido à mudança de antocianinas monoméricas para poliméricas [10].

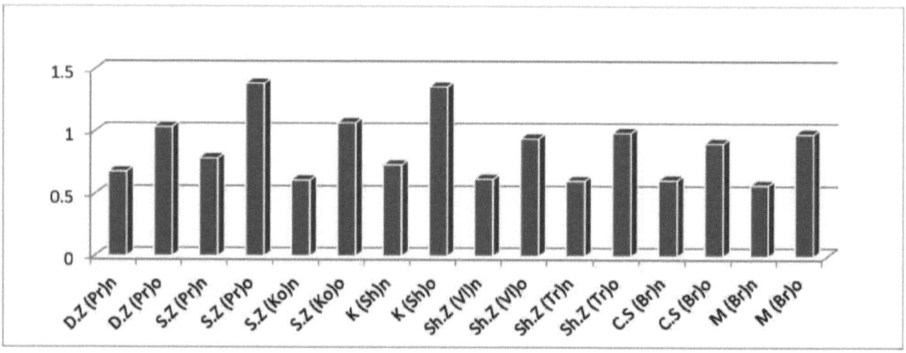

Fig. 1. Gráfico da tonalidade de cor dos vinhos tintos jovens e velhos.

n = vinhos novos, o = vinhos envelhecidos durante 2 anos. D.Z (Pr) = Debin e Zeze (Permet);

S.Z (Pr) = Serin i zi (Permet); K (Sh) = Kallmet (Shkoder); Shr.Z (Vl) = Shesh i zi (Vlore); Sh.Z (Tr) = Shesh i zi (Tirane); C.S (Br) = Cabernet Sauvignon (Berat); M (Br) = Merlot (Berat).

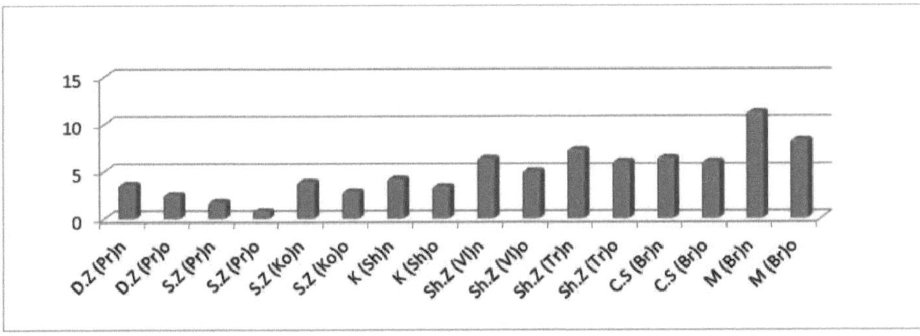

Fig. 2. Gráfico da intensidade de cor dos vinhos tintos jovens e velhos.

n = vinhos jovens, o = vinhos de 2 anos. D.Z (Pr) = Debin e Zeze (Permet); S.Z (Pr) = Serin i zi (Permet); K (Sh) = Kallmet (Shkoder); Shr.Z (Vl) = Shesh i zi (Vlore); Sh.Z (Tr) = Shesh i zi (Tirane); C.S (Br) = Cabernet Sauvignon (Berat); M (Br) = Merlot (Berat).

Relativamente às variedades autóctones albanesas, os vinhos Shesh i zi da zona de Tirana têm o valor mais elevado para a intensidade da cor, seguidos pelos Shesh i zi de Vlora. Quando comparado com as variedades internacionais, notamos que o valor mais elevado para a intensidade da cor é o do vinho Merlot, enquanto o vinho Cabernet Sauvignon tem um valor quase idêntico ao dos vinhos Shesh i zi. A partir dos histogramas para vinhos envelhecidos por 2 anos, o valor mais alto para a intensidade da cor tem o vinho Merlot seguido pelo vinho Shesh i zi e Cabernet Sauvignon, enquanto o vinho Serin i zi da área Përтeй tem a intensidade mais baixa.

O valor da tonalidade da cor para os vinhos jovens varia entre 0,607-0,787 Shesh i zi e Serin i zi, respetivamente. Estes valores são caraterísticos dos vinhos tintos jovens, que aumentam nos níveis 0,9071,386 à medida que o vinho envelhece. A maior alteração do valor da cor é observada nos vinhos Serin i zi e Kallmet. Estes vinhos sofreram a maior transformação de cor, de vermelho vivo nos vinhos jovens para vermelho alaranjado nos vinhos envelhecidos durante 2 anos. Uma alteração menor da cor é observada no vinho Shesh i zi, que se encontra no mesmo nível de alteração que as castas internacionais Cabernet Sauvignon e Merlot. Tendo em conta estes dois parâmetros de cor, a variedade de vinho mais adequada para o envelhecimento é a Shesh i zi.

No quadro 1 são apresentadas as contribuições percentuais do vermelho, amarelo e azul na cor total dos vinhos jovens e dos vinhos envelhecidos durante 2 anos.

A partir dos dados apresentados na tabela 1, observou-se que a estrutura dos pigmentos reflecte exatamente as caraterísticas cromáticas dos vinhos tintos analisados. Em geral, para os vinhos de tonalidade vermelha, a classe de pigmentos vermelhos participa em maior medida (mais de 40%) para sublinhar a cor do vinho, para os vinhos de tonalidade vermelho-alaranjada, a percentagem de pigmentos vermelhos diminui (< 40%) sendo acompanhada pelo aumento da percentagem de pigmentos amarelo-alaranjados (mais de 45%). Nos vinhos jovens, a percentagem de cor vermelha varia entre 46% e 53%, enquanto a percentagem de cor amarela varia entre 36% e 41%. Estes valores mudam durante o envelhecimento, em que a percentagem de vermelho diminui para menos de 44% e a de amarelo aumenta para mais de 43%. O Serin i zi tem o valor mais elevado de contribuição vermelha, com 52%, seguido do Shesh i zi, com 51%, e o valor mais baixo de contribuição amarela tem o Shesh i zi, com 36,42%. No caso dos vinhos tintos envelhecidos, o valor mais elevado da contribuição vermelha é registado pelo Shesh i zi, com 44,49%, seguido pelo Debin e zeze, com 43,89%. A proporção da cor amarela excede a da cor vermelha nos vinhos Kallmet, Serin i zi e Debin e zeze. Estes vinhos têm caraterísticas cromáticas fortemente alteradas e deslocadas para os tons amarelos do espetro durante o seu envelhecimento. Estes resultados revelam que os vinhos das castas típicas albanesas Kallmet, Serin i zi e Debin têm uma cor vermelha menos expressiva nos vinhos envelhecidos. Entretanto, os vinhos Shesh i zi permanecem na zona vermelha mesmo quando envelhecem e, com as suas caraterísticas cromáticas, aproximam-se dos vinhos de castas reconhecidas internacionalmente como Cabernet Sauvignon e Merlot. A classe dos pigmentos azuis participa na cor total do vinho na medida de 9% - 18%. A maior percentagem de pigmento azul foi encontrada nos vinhos Merlot e Cabernet Souvignon.

Os parâmetros de cor determinados na tabela 2 foram os seguintes valores tristimulares, X, Y, Z, coordenadas cromáticas x, y, z, obtidas através da normalização dos valores tristimulares e das coordenadas CIELAB. As coordenadas de cor L representam a luminosidade e a* e b* indicam a mudança de tonalidade do vermelho para o verde e do amarelo para o azul, respetivamente. Todos os parâmetros mostraram uma variabilidade entre as castas e durante o envelhecimento. Ao analisar os dados, verifica-se que existem diferenças significativas entre as caraterísticas cromáticas de todas as amostras de vinho estudadas. Comparando os valores de Y e L (ambos representam a luminosidade) entre vinhos tintos jovens e envelhecidos, vemos que ambos os parâmetros mostram a mesma direção de mudança durante o envelhecimento. O valor mais elevado para a leveza (L e Y) é o do Kallmet seguido do Shesh i zi para os vinhos jovens, enquanto que para os vinhos envelhecidos é o do Cabernet sauvignon seguido do Merlot e do Serin i zi. O parâmetro a* mostra um aumento para Shesh i zi e Kallmet durante o envelhecimento, da mesma forma que acontece com Merlot e Cabernet sauvignon, enquanto diminui em Serin i zi e Debin e zeze. Relativamente ao parâmetro b*, observa-se um aumento para todos os vinhos em estudo, o que corresponde à passagem da zona vermelha mais clara para a vermelha alaranjada durante o envelhecimento (dada pelas coordenadas cromáticas).

Estes resultados mostram que ambos os sistemas (CIESYZ) e CIELAB) podem ser utilizados para avaliar alterações na luminosidade (Y e L, respetivamente), no vermelho (a*) e no amarelo (b*).

Em conclusão, no que respeita aos parâmetros de cor, o envelhecimento conduz a um aumento da luminosidade e da tonalidade, enquanto que a intensidade da cor diminui. Assim, os parâmetros de cor do vinho Shesh i zi são comparáveis aos dos vinhos Merlot e Cabernet sauvignon, podendo esta casta autóctone ser utilizada para o envelhecimento, enquanto as outras castas devem ser consumidas no primeiro ano de produção. Os resultados mostram que as nossas condições climáticas favorecem o desenvolvimento de muitas variedades adequadas para a criação de vinhos de qualidade, como o Merlot e o Cabernet sauvignon, que estão muito bem adaptados ao microclima albanês. Ao ver o potencial de cor expresso pelas variedades locais e internacionais, podemos dizer que existe a possibilidade de misturar dois ou mais vinhos (variedades internacionais e locais) para criar vinhos de qualidade com corpo e adequados para o envelhecimento.

Tabela 1. Contribuição da cor para vinhos tintos jovens (n) e vinhos tintos envelhecidos durante dois anos (o).

Young red wines	**% Red**	**% Yellow**	**% Blue**
D.Z (Pr)n	48.15	36.82	15.02
S.Z (Pr)n	50.6	36.89	12.51
S.Z (Ko)n	52.54	38.64	8.82
K (Shk)n	44.83	41.63	13.54
Sh.Z (Vl)n	49.47	36.42	14.11
Sh.Z (Tr)n	51.1	36.43	12.47
C.S (Br)n	45.51	36.93	17.56
M (Br)n	46.37	35.52	18.11
D.Z (Pr)o	43.89	46.72	9.39
S.Z (Pr)o	39	52.5	8.5
S.Z (Ko)o	42.29	47.83	9.88
K (Shk)o	37.5	53.32	9.18
Sh.Z (Vl)o	44.49	42.59	12.92
Sh.Z (Tr)o	44.29	43.02	12.68
C.S (Br)o	43.74	42.59	13.67
M (Br)o	44.19	44.85	10.95

Tabela 2. Resultados experimentais das amostras de vinho obtidos segundo o sistema de cor CIE 1964 (x, y) (CIEXYZ) e as coordenadas CIELAB

Variety, zone		Tristimulus value			Chromaticity coordinates			CIELAB coordinates		
	Color	X	Y	Z	x	y	z	a*	b*	L*
D.Z (Pr)n	Red	32.48	18.48	2.88	0.6	0.34	0.053	65.03	54.07	50.07
S.Z (Pr)n	Reddish-orange	56.49	38.63	7.84	0.55	0.37	0.076	56.56	62.07	68.48
S.Z(Ko)n	Reddish-orange	38.46	22.62	2.27	0.61	0.36	0.036	65.46	66.56	54.68
K (Shk)n	Red	64.87	51.45	13.11	0.5	0.39	0.101	39.91	77	76.95
Sh.Z(Vl)n	Reddish-orange	65.24	49.06	12.62	0.51	0.39	0.099	47.05	59.78	75.49
Sh.Z(Tr)n	Orange-pink	59.91	44.73	11	0.52	0.39	0.095	46.65	59.39	72.71
C.S (Br)n	Orange-pink	52.14	37.45	8.16	0.53	0.38	0.083	49.23	59.44	67.61
M (Br)n	Reddish-orange	37.63	25.22	5.07	0.55	0.37	0.075	51.52	54.08	57.29
D.Z (Pr)o	Orange	42.23	28.04	1.83	0.59	0.39	0.025	54.55	79.44	59.92
S.Z (Pr)o	Orange	75.59	60.91	10.48	0.51	0.41	0.08	39.76	77.45	82.33
S.Z (Ko)o	Orange	34.81	21.59	0.99	0.61	0.38	0.02	58.06	78.07	53.59
K (Shk)o	Orange	35.43	23.35	0.49	0.59	0.39	0.008	52.24	88.46	55.43
Sh.Z(Vl)o	Orange	71.38	43.78	4.22	0.59	0.37	0.035	75.17	83.87	72.08
Sh.Z (Tr)o	Reddish-orange	70.78	44.38	2.9	0.6	0.38	0.025	72.17	92.55	72.48
C.S (Br)o	Orange	126.59	85.41	9.68	0.57	0.38	0.04	76.16	100.08	94.06
M (Br)o	Orange	103.37	65.43	4.99	0.59	0.38	0.029	80.52	101.72	84.7

Conclusão

Este estudo apresenta uma boa avaliação objetiva dos parâmetros de cor dos vinhos tintos, utilizando métodos mais simples e parâmetros CIE tristímulos. Durante a maturação do vinho, a intensidade da cor diminui e a tonalidade aumenta. A evolução da cor do vinho durante o processo de maturação depende da sua variedade e composição. Os parâmetros de cor dos vinhos Shesh i zi são comparáveis aos dos vinhos mundialmente famosos produzidos a partir de castas Cabernet sauvignon e Merlot cultivadas em território albanês. Em conclusão, o Shesh i zi pode ser utilizado para envelhecimento, enquanto as outras castas devem ser consumidas no primeiro ano de produção. A partir dos resultados da cor, existe a possibilidade de misturar as nossas variedades locais com variedades internacionais, de modo a obter vinhos de qualidade superior com corpo, cor intensa e adequados para o envelhecimento.

Referências

Archier P: **Evolução do teor fenólico dos vinhos monovarietais após os primeiros nove meses de conservação.** *Sci. Aliment.* 1993, 13: 483-490.

C.I.E.: **Avaliação da diferença de cor industrial, relatório técnico.** *Publicação CIE,* 1995. Gabinete Central da Comissão Internacional da Iluminação, Viena.

Fulcrand H, Cameira Dos Santos P J, Sarni-Manchado P, Cheynier V. & Favre-Bonvin J: **Structure of new anthocyanin-derived wine pigments.** *Journal of Chemical Society. Perkin Trans.* 1996, 1: 735-739.

Glories Y: **La couleur des vins rouges 2e partie: mesure, origine et interpretation.** *Connaiss Vigne Vin.* 1984, 18: 253-271.

Gomes-Cordoves C, Gonzales-San Jose M L, Junquera B, Estrella I: **Correlações entre flavonóides e cor em vinhos tintos envelhecidos em madeira.** *Am. J. Enol. Vitic.* 1995 46(3): 295

Kennedy J A, Hayasaka Y, Vidal S, Waters E J, Jones G P: **Composition of Grape Skin Proanthocyanidins at Different Stages of Berry Development.** *J. Agric. Food Chem.* 2001, **49**(11): 5348-5355

Landrault N, Poucheret P, Ravel P, Gasc F, Cros G, Teissedre P L: **Capacidades antioxidantes e teores de fenólicos dos vinhos franceses de diferentes castas e colheitas.** *J. Agric. Food Chem. 2001* **49**(7): 3341-3348.

Monagas M, Martm-Alvarez P J, Barlolorë B, G6mez-Cordovës C: **Interpretação estatística dos parâmetros de cor dos vinhos tintos em função da sua composição fenólica durante o envelhecimento em garrafa.** *Eur. Food Res. Tech.* 2006 **222**(5-6): 702-710.

Pascu L: **Determinação da qualidade do vinho tinto com base nas propriedades cromáticas.** *Revista de Chimie* 2005, **56**(7): 703-707.

Ribe'reau-Gayon P: **As antocianinas das uvas e dos vinhos**. In: *Anthocyanins as Food Colors.* 1982: 209-244.

Somers T C, Pocock K F: **Evolução dos vinhos tintos III. Promoção da fase de maturação.** *American Journal of Enology and Viticulture* 1990, 29: 109-121.

CAPÍTULO 3

Resumo

Nos últimos anos, tem-se verificado um grande interesse pelas castas autóctones ("nativas") entre os investigadores e as comunidades vitivinícolas. Este interesse deve-se, em parte, à sua maior resistência aos ataques de fungos e vírus e, em particular, à síntese de resveratrol. Quimicamente, o resveratrol é uma substância de carácter polifenólico do grupo das fitoalexinas-3, 5, 4'- trihidroxistilbeno e existe nas formas isómeras *cis* e *trans*. As uvas de *Vitis vinifera* e especialmente o vinho tinto representam a sua principal fonte na dieta humana. A concentração média nos vinhos tintos de proveniência mundial oscila entre 1,0 e 3,0 mg/l. O teor de resveratrol *trans*, *cis* e total, quantificado como aglicona de resveratrol, foi determinado em 25 vinhos tintos monovarietais de castas autóctones (*Shesh i zi, Serin i zi, Debate e zeze, Kallmet* e *Vlosh*) e de castas internacionais (*Merlot* e *Cabernet Sauvignon*). O resveratrol foi determinado pelo método HPLC com deteção UV-Vis após injeção direta das amostras de vinho. Como esperado, os vinhos tintos de castas autóctones parecem conter níveis relativamente elevados de resveratrol (de 0,3 a 6,8 mg/l) e a relação *trans/cis* variou de 0,04 a 4,6. A concentração mais elevada é apresentada pelos vinhos tintos *Serin i zi* seguidos pelos vinhos tintos *Shesh i zi.* A variação das concentrações de *trans-, cis-* e resveratrol total entre os vinhos tintos da mesma casta pode dever-se aos diferentes anos de produção. A concentração mais elevada de resveratrol total é típica da produção de vinho tinto na região sudeste da Albânia, onde as vinhas estão expostas a um stress ambiental mais elevado, como as baixas temperaturas e a radiação UV.

Palavras-chave: *vinho tinto, autóctone, trans-resveratrol, HPLC.*

Introdução

Nos países desenvolvidos, uma em cada quatro pessoas, em média, é suscetível de sofrer de cancro, enquanto os cientistas continuam a sua investigação para encontrar a cura para esta doença mortal. Do ponto de vista químico, algumas moléculas foram identificadas devido ao seu papel como agentes protectores. Foi dada especial atenção às fitoalexinas. As fitoalexinas são grupos de compostos de baixa massa molecular existentes nas videiras e num grande número de plantas em resposta a situações de stress, como infecções microbianas e irradiação UV (Dixon, 2001).

O resveratrol (*trans* - 3,4' ,5 - trihidroxistilbeno), que é uma fitoalexina pertencente aos estilbenos, tem atraído grande interesse nos últimos anos, estimulado pela investigação relativa ao "paradoxo francês", um fenómeno conhecido como uma baixa incidência de doenças cardiovasculares que coexiste com a ingestão de uma dieta rica em gordura em França (Reanaud S., 1992; Ferre-Filmon C., 2000). O resveratrol pode inibir os fenómenos celulares associados à iniciação, à promoção e à progressão dos tumores (Fontecave M., 1998; Jang, 1997; Mgbonyebi, 1998), reduzir a morte celular provocada pelo stress oxidativo (Chantavitayapongs, 1997), inibir a oxidação das lipoproteínas humanas de baixa densidade (LDL) (Frankel E. N., 1993; Frankel E.N., 1995; Me'rillon J. M., 1996; Vinson J. A., 1995), inibem a agregação plaquetária e a síntese de eicosanóides (Chung M.I., 1992; Kimura Y., 1995; Pace-Asciak C.R., 1995), impedem a atividade anti-inflamatória (Ferrero M.E., 1997) e são agonistas do recetor de estrogénios (Gehm B.D., 1997).

O resveratrol é o composto-mãe de uma família de moléculas, incluindo glicosídeos e polímeros, existentes nas configurações cis e *trans* (Fig.1) numa gama restrita de espermatófitos, dos quais a vinha, o amendoim e o pinheiro são os principais representantes. A sua síntese a partir do *p-coumaril* CoA e do malonil CoA é induzida por stress, como lesões, infecções ou irradiação UV, e é classificada como uma fitoalexina, um anti-fungicida que confere resistência a doenças no reino vegetal (Stervbo U., 2007; L., 1976; Landcake P., 1976.). O resveratrol foi identificado numa série de fontes alimentares, incluindo vinhos tintos e frutos silvestres. É também consumido sob a forma de suplementos alimentares botânicos e de fórmulas à base de plantas utilizadas na medicina tradicional chinesa e na medicina ayurvédica indiana, onde é habitualmente utilizado como ingrediente ativo (Paul B., 1999).

Para além do isómero trans, detectado pela primeira vez, foram encontradas outras formas deste trihidroxiestilbeno apenas no vinho. A próxima a ser descrita foi o cis-resveratrol (Goldberg D.M., 1995a; Jeandet, 1993; Soleas G.J., 1995), que em alguns vinhos se encontra em maior concentração do que o isómero trans (Jeandet P., 1995; Soleas G.J., 1995). Uma vez que o cis-resveratrol não foi detectado em peles ou sumos de uva, parece ser formado a partir da isomerização do trans-resveratrol ou da quebra dos polímeros de resveratrol durante a fermentação da pele (Roggero, 1996; Soleas G.J., 1995). Os teores de resveratrol nos vinhos tintos são mais elevados do que nos vinhos rosados: do mesmo modo, os vinhos rosados apresentam um teor de resveratrol mais elevado do que os vinhos brancos (Mattivi, 1993b). Esta diferença de concentrações está ligada ao processo de vinificação, especialmente ao contacto do vinho com as partes sólidas da uva, uma vez que o resveratrol se encontra na pele mas não na polpa (Creasy, 1988).

Foram efectuados muitos estudos sobre o teor de *trans-resveratrol* nos vinhos tintos. Entre eles, podem ser indicados os seguintes: Jeandet (Jeandet, 1993) obteve um intervalo de teor de resveratrol variando de 0,4 a 2,0 mg/L em vinhos franceses; em vinhos italianos, Mattivi (Mattivi, 1993b) mediu concentrações até 7,17 mg/L em vinhos do Trentino e Dell'Oro, Cravero e Moraglio (1997) encontraram uma concentração média de resveratrol de 2,09 mg/L em vinhos do Piemonte. McMurtrey et al. (McMurtrey, 1994) estudaram vinhos da Califórnia e obtiveram um teor médio de 0,99 mg/L; Lamuela-Raventos et al. (Lamuela-Raventos, 1995) obtiveram resultados que variaram entre 0,60 e 8,00 mg/L em vinhos espanhóis e Goldberg et al. (Goldberg, 1995b.) encontraram concentrações médias de 3,16 mg/L para vinhos canadianos, 1,47 mg/L para vinhos californianos e australianos, 1,21 mg/L em vinhos da América do Sul e 1,76 mg/L para vinhos italianos. Os vinhos japoneses parecem ter um teor muito baixo de *trans-resveratrol* 0,08 - 0,244 mg/L, (Okuda, 1996.).

Foram igualmente estudados vinhos gregos (Kallithraka, 2001), cujos teores se situam entre 0,550 e 2,534 mg/L, semelhantes aos dos vinhos espanhóis, italianos, portugueses, franceses e californianos.

No que diz respeito ao *isómero cis*, existem menos relatórios. Jeandet et al. (Jeandet, 1993) registaram uma gama de 0,19-1,30 mg/L em vinhos da Borgonha; Lamuela-Raventos et al. (Lamuela-Raventos, 1995) encontraram uma gama de 0,11-2,48 mg/L para vinhos tintos espanhóis e Gonzalo et al. (Gonzalo, 1997) obtiveram uma média de 1,33 mg/L em vinhos tintos da Catalunha.

Não só os factores ambientais podem afetar os teores de resveratrol, como também a concentração de resveratrol no vinho varia consideravelmente e parece depender da casta. Lamuela-Raventos et al. (Lamuela-Raventos, 1995) encontraram, em vinhos tintos espanhóis produzidos a partir de uvas Pinot noir, um elevado nível de trans-resveratrol, com uma média de 5,13 mg/L, em comparação com 2,43 mg/L para Garnacha, 1,42 mg/L para Cabernet sauvignon e 1,33 mg/L para Tempranillo. Os teores de cis-resveratrol foram mais elevados no Pinot noir (1,12 mg/L), seguido do Garnacha (0,43 mg/L), do Cabernet sauvignon (0,29 mg/L) e do Tempranillo (0,28 mg/L).

Atualmente, não existem relatos na literatura sobre o teor de trans e cis-resveratrol nos vinhos tintos da Albânia. O nosso trabalho corresponde ao estudo do potencial da nossa casta autóctone, cujo objetivo era determinar a concentração dos *isómeros cis* e *trans do* resveratrol nos vinhos tintos produzidos a partir destas castas, em comparação com os vinhos tintos Cabernet Sauvignon e Merlot cultivados no território albanês. Efectuámos um estudo discriminado dos vinhos tintos monovarietais jovens e envelhecidos, a fim de verificar se existiam diferenças significativas entre os vinhos.

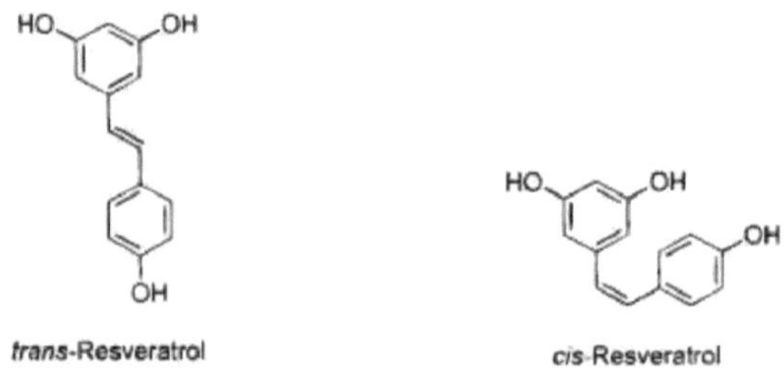

Figura 1. Estrutura química dos isómeros do resveratrol.

MATERIAL E MÉTODOS

Amostras de vinho tinto

Para este trabalho foram estudados vinhos tintos produzidos a partir de castas albanesas *Serin i zi* (cultivadas nas regiões da Coreia e Përmet), *Debin e zezë* (Pc'rmet), *Shesh i zi* (de Vlora e Tirana), *Kallmet* (de Shkodra), *Vlosh* (de Vlora), e castas internacionais *Merlot* e *Cabernet Sauvignon* (de Berat). As uvas foram colhidas no seu estado maduro, levadas para a cantina da Faculdade de Biotecnologia e Alimentação, onde foi produzido vinho tinto utilizando o método tradicional de vinificação. O processo de fermentação foi controlado diariamente e a temperatura de fermentação oscilou entre 25-27^0 C. No final da fermentação, os vinhos tintos não foram filtrados. Antes do engarrafamento, o nível de SO2 foi regulado para 30mg/L, sendo depois armazenado na cave da Faculdade de Biotecnologia e Alimentação. Foram analisados vinhos tintos jovens, com um e dois anos de idade, das castas acima referidas.

Soluções standard

O padrão de *trans-resveratrol* (99% HPLC) foi adquirido à Merc. O metanol, o acetonitril e o ácido acético glacial (100% p. a) eram de grau HPLC.

Foi preparada uma solução-mãe de 20 mg/L de trans-resveratrol numa solução alcoólica (aquosa) a 12%. A partir da solução-mãe foi preparado um conjunto de padrões com 0,2, 0,3, 0,5, 1,0, 2,0 e 3,0 mg/L, diluídos numa solução alcoólica (aquosa) a 12%. O *cis-resveratrol* foi preparado por irradiação UV a 254 nm de soluções alcoólicas de *trans-resveratrol*, de acordo com Romero-Perez (Romero-Perez, 1996).

Análise por HPLC

As concentrações de monómeros livres de *trans* e *cis-resveratrol* nos vinhos selecionados foram determinadas utilizando um método isocrático de injeção direta UV-HPLC (Ratola, 2004). O sistema de HPLC utilizado era composto por um detetor Varian UV-VIS 330. Cada padrão e cada amostra foram injectados em triplicado. Para a análise foi utilizada uma coluna da Varian C18 (250 x 4,6mm, com partículas de 5µm). A fase móvel consistiu numa mistura de água / acetonitrilo / ácido acético (rácio de volume 70 / 29,9 / 0,1) com um caudal de 1,0 mL/min. O volume de injeção foi de 20 µL. A deteção foi efectuada a um comprimento de onda de 306 nm. O tempo de execução foi de 20 minutos. As amostras de vinho foram filtradas numa membrana de 0,45 µm e injectadas diretamente através de um circuito fixo manual. Os picos de *trans-resveratrol* e *cis-resveratrol* foram identificados pelos seus tempos de retenção, utilizando o método standard externo (Ratola, 2004).

Variety	***Trans*-resveratrol Means ±SD**	***Cis*-resveratrol Means ±SD**	**Total resveratrol Means ±SD**
Kallmet	0.296 ± 0.39	1.084± 0.44	1.17 ± 0.09
Debin e zeze	0.281 ± 0.16	0.162 ± 0.02	0.443 ± 0.15

Serin i zi	1.862 ± 0.98	1.547 ± 1.62	3.409 ± 2.15
Shesh i zi	1.056 ± 0.34	1.096 ± 0.89	2.152 ± 1.07
Vlosh	0.038 ± 0.21	0.699 ± 0.04	0.729 ± 1.06
Merlot	0.919 ± 0.42	1.333 ± 0.72	1.808 ± 1.29
Cabe. Sauvi.	0.522 ± 0.32	0.595 ± 0.74	1.116 ± 1.31

Tabela 1. Concentrações de resveratrol em 25 vinhos tintos (mg/L) com base nas suas castas.

RESULTADOS E DISCUSSÃO

Agrupámos os vinhos em função da casta e os resultados dos teores de resveratrol *trans, cis* e total são apresentados na Tabela 1. As médias e os desvios-padrão das concentrações são expressos em mg/L. Para a maioria dos vinhos tintos, estes resultados são semelhantes aos encontrados por diferentes autores como Goldberg et al. (Goldberg, 1995b.) e também Jeandet et al. (Jeandet, 1993). A concentração de resveratrol no vinho varia consideravelmente e parece depender da casta. Neste trabalho, a concentração média de resveratrol nos vinhos de castas albanesas varia entre 0,038 e 1,862 mg/L *de trans-resveratrol*, entre 0,162 e 1,547 mg/L de *cis-resveratrol* e entre 0,443 e 3,409 mg/L de resveratrol total. O teor mais elevado de *trans-resveratrol* foi encontrado na casta *Serin i zi*, seguida da casta *Shesh i zi*, ambas autóctones. O nível mais baixo foi apresentado pelo vinho tinto *Vlosh*, com uma quantidade de 0,038 mg/L. As castas internacionais *Merlot* e *Cabernet sauvignon* tinham 0,919 e 0,522 mg/L *de trans-resveratrol*, respetivamente, o que as coloca no meio.

Se tivermos em consideração a quantidade de *cis-isómero*, encontramos o nível mais elevado novamente em *Serin i zi* 1,547 mg/L, seguido de *Merlot* com 1,333 mg/L e depois *Shesh i zi* com 1,096 mg/L *de cisresveratrol.*

Por outro lado, a quantidade de *trans-, cis-*, concentrações totais de resveratrol e rácios entre os *isómeros trans-* e *cis* para os 25 vinhos tintos analisados para este estudo são apresentados na tabela 2. As diferentes concentrações de *trans-, cis-* e resveratrol total entre os vinhos tintos jovens e envelhecidos podem ser atribuídas às diferentes condições climatéricas de cada colheita.

O teor mais elevado de resveratrol nos vinhos pode dever-se a um stress ambiental mais extremo das vinhas, uma vez que *a Serin i zi* está situada a uma altitude de cerca de 800 m, enquanto a altitude das outras castas é inferior e as suas condições climáticas são mais quentes.

A partir do gráfico 1, verificamos que a concentração excessiva do *isómero cis* se encontra no vinho tinto envelhecido *Serin i zi* da zona de Permeti e Korca, seguido do *Shesh i zi* da zona de Vlora. Verifica-se uma variação das concentrações de *trans-, cis-* e resveratrol total entre os vinhos tintos da mesma casta, o que pode dever-se aos diferentes anos de produção.

Variety	*trans*-resveratrol	*cis*-resveratrol	Total resveratrol	Ratio t/c
Ka '09	0.046	1.234	1.28	0.037
Ka '11	0.093	1.012	1.105	0.092
Ka '12	0.75	0.375	1.125	2.00
DZ'09	0.45	0.145	0.595	3.11
DZ'11	0.139	0.162	0.301	0.86
DZ'12	0.254	0.178	0.432	1.43
S'P'09	2.62	4.16	6.78	0.63
S'P'11	0.646	0.684	1.33	0.94
S'P'12	3.47	0.75	4.22	4.63
S'K'09	0.877	0.384	1.261	2.28
S'K'11	1.699	2.68	4.379	0.63
S'K'12	1.86	0.625	2.485	2.98
Sh'T'09	1.64	1.36	3	1.21
Sh'T'11	0.684	0.637	1.321	1.07
Sh'T'12	1.612	0.775	2.387	2.08
Sh'V'09	0.945	0.391	1.336	2.42
Sh'V'11	0.783	0.522	1.305	1.51
Sh'V'12	0.67	2.89	3.56	0.23
V'09	0.03	0.699	0.729	0.05
M'09	0.689	n.d.	0.689	0.00
M'11	1.408	1.845	3.253	0.76
M'12	0.661	0.82	1.481	0.81
Cs'09	0.875	1.44	2.315	0.61
Cs'11	0.238	0.075	0.313	3.17
Cs'12	0.452	0.269	0.721	1.68

Tabela 2. Concentração de *trans-*, *cis-*, resveratrol total e a razão entre os *isómeros trans-* e *cis*.

(Ka - Kallmet de Shkodra; DZ - Debin e zeze de Pëzmeu; SP - Serin i zi de Përmeti; SK - Serin i zi da Coreia; ShT- Shesh i zi de Tirana; ShV- Shesh i zi de Vlora; V- Vlosh de Vlora; M- Merlot de Berat; Cs - Cabernet sauvignon de Berat. Número "09; '11; '12 - ano de

produção dos vinhos tintos)

Com base nestes resultados, o procedimento de injeção direta foi eficaz, apesar do potencial aumento da interferência nas fases iniciais de cada cromatograma. Sempre que surgiram dúvidas na identificação do pico dos isómeros, devido à existência de picos interferentes na sua vizinhança, recorreu-se à técnica de adição de padrões à amostra (em diferentes concentrações) para confirmar a identidade dos picos dos isómeros.

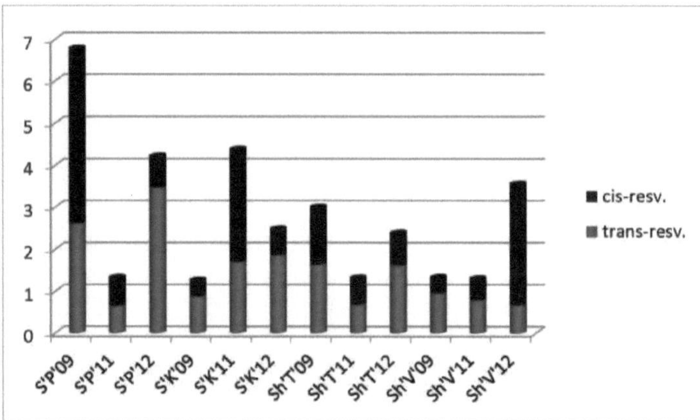

Gráfico 1. Concentração de *trans* e *cis-resveratrol* nos vinhos tintos *Serin i zi* (da Coreia e da zona de PërreП) e *Shesh i zi* (da zona de Tirana e Vlora).

CONCLUSÃO

Este trabalho permitiu a implementação de uma metodologia fácil e rápida para a análise do *trans-* e *cis-resveratrol* em vinhos tintos. A utilização da injeção direta em HPLC com deteção UV permite a análise de um grande número de amostras num curto espaço de tempo.

Relativamente aos vinhos tintos albaneses, a concentração mais elevada de resveratrol foi encontrada no vinho tinto autóctone, como esperado. De acordo com os resultados obtidos, os vinhos tintos autóctones albaneses *Serin i zi* e *Shesh i zi* poderiam ser uma boa fonte alimentar de resveratrol. Uma vez que o teor de resveratrol nos vinhos tintos *Serin i zi* parece ser muito variável, é possível que o teor de resveratrol destes vinhos seja influenciado principalmente pelas condições climáticas de cada colheita. Nestas zonas, alguns produtores conseguiram conservar o monómero de resveratrol livre em quantidade suficiente para os tornar produtos nutricionais interessantes. Os valores dos teores totais de resveratrol aqui encontrados podem ser considerados como uma caraterística positiva dos vinhos tintos de castas autóctones. Os produtores devem ter em consideração que o teor de resveratrol é função de muitas variáveis, como a casta, os factores locais e ambientais na vinha e as técnicas de processamento.

REFERÊNCIAS

Chantavitayapongs, S. D.-L. (1997). Melhoria do stress oxidativo por antioxidantes e resveratrol em células PC12. . *Neuroreprot, 8* , 1499-1502.

Chung M.I., T. C. (1992). Um princípio antiplaquetário de Veratrum formosanum. *Planta Med* , 274-276.

Creasy, L. C. (1988). Potencial de produção de fitoalexinas em bagas de uva. *Journal of American Society of Horticulture Science, 113* , 230-234.

Dixon, R. (2001). Natural products and plant disease resistance (Produtos naturais e resistência das plantas às doenças). *Nature* , 843-847.

Ferre-Filmon C., D. L. (2000). Métodos catalíticos para a síntese de estilbenos com ênfase nas suas fitoalexinas. *Coord. Chem Rev.* , 323-2336.

Ferrero M.E., C. M. (1997). Atividade do resveratrol sobre as moléculas de adesão endotelial. *Int. J. Tissue React.19* , 121-124.

Fontecave M., L. M. (1998). Resvertrol, um notável inibidor da ribonucleótido redutase. *FEBS Lett.* , 277-279.

Frankel E. N., W. A. (1993). Inibição da oxidação do LDL humano pelo resveratrol. *Lancet 341* , 1103-1104.

Frankel E.N., W. A. (1995). Principais fitoquímicos fenólicos em vinhos selecionados da Califórnia e a sua atividade antioxidante na inibição da oxidação de lipoproteínas humanas de baixa densidade. *J. Agric. Food Chem. 43* , 890-894.

Gehm B.D., M. J. (1997). O resveratrol, um composto polifenólico encontrado nas uvas e no vinho, é um agonista do recetor de estrogénio. *Proc. Natl.Acad. Sci. U.S.A. 94* , 14138-14143.

Goldberg D.M., Y. J. (1995a). A gas chromatographic mass spectrometric method to assay cis-resveratrol in wines: preliminary survey of its concentration in commercial wines. *Journal of Agricultural and Food Chemistry, 43* , 1245-1250.

Goldberg, D. Y. (1995b.). Um estudo global das concentrações de trans-resveratrol em vinhos comerciais. . *American Journal of Enology and Viticulture, 46* , 159-165.

Gonzalo, A. V. (1997). Contenido de resveratrol en vinos de Cataluna. *Sevi, 2.638* , 684-687.

Jang, M. C. (1997). Atividade quimiopreventiva do cancro do resveratrol, um produto natural derivado da uva. *Science 275* , 218-220.

Jeandet P., B. R. (1995). Teor de resveratrol em vinhos de diferentes idades: relação com a pressão das doenças fúngicas na vinha. *American Journal of Enology and Viticulture, 46* , 1-4.

Jeandet, P. B. (1993). Análise do resveratrol nos vinhos da Borgonha. *Journal of Wine Research, 4* , 79-85.

Kallithraka, S. A.-Z. (2001). Aplicação de um método melhorado de determinação do trans-resveratrol para determinar a origem dos vinhos tintos gregos. *Química alimentar. 75* , 355-363.

Kimura Y., O. H. (1995). Efeitos de estilbenos isolados de plantas medicinais no metabolismo do araquidonato e na degranulação em leucócitos polimorfonucleares humanos. *J. Ethnopharmacol. 45* , 131-139.

L., I. (1976). 3,5,4'-Trihydroxystilbene como fitoalexina de amendoim (A.hypoggaea). *Phytochem 15* , 1791-1793.

Lamuela-Raventos, R. R.-P.-B. (1995). Análise direta por HPLC dos isómeros cis e trans do resveratrol e da piceida em vinhos tintos espanhóis de Vitis vinifera. *Journal of Agricultural and Food Chemistry, 43* , 281-283.

Landcake P., P. R. (1976.). Produção de resveratrol por Vitis vinifera e outros membros das Vitaceae como resposta a infecções ou lesões. *Ohisiology and Plant Path 9* , 77-86.

Mattivi, F. (1993b). Teor de resveratrol nos vinhos tintos e rosés produzidos no Trentino (Itália) e atualmente disponíveis no mercado. *Rivista di Viticultura e di Enologia, 1* , 37-45.

McMurtrey, K. M. (1994). Análise do resveratrol nos vinhos por cromatografia líquida de alta pressão de injeção direta com deteção eletroquímica. *Journal of Agricultural and Food Chemistry, 42* , 20772080.

Me'rillon J. M., F. B. (1996). Atividade antioxidante dos compostos fenólicos do vinho na inibição da oxidação das lipoproteínas humanas de baixa densidade. *18ª Conferência Internacional sobre Polifenóis.* Bordéus (França): Polyphenols Communications 96.

Mgbonyebi, O. R. (1998). Efeito antiproliferativo do resveratrol sintético nas células epiteliais da mama humana. . *Int. J. Oncol.* , 865-869.

Okuda, T. Y. (1996.). Concentrações de trans-resveratrol nas películas dos bagos e nos vinhos de uvas cultivadas no Japão. *American Journal of Enology and Viticulture, 47(1)* , 93-99.

Pace-Asciak C.R., H. S. (1995). Os fenólicos trans-resveratrol e quercetina do vinho tinto bloqueiam a agregação plaquetária humana e a síntese de eicosanóides: Implications for protection against coronary heart disease. *Clin. Chim. Ata* , 207-219.

Paul B., M. I. (1999). Ocorrência de resveratrol e pteriostilbeno no antigo Darkchasava, um medicamento ayurvédico da Índia. *J Ethnopharmacol 68* , 71-76.

Ratola, N. F. (2004). t-Resveratrol em vinhos da região do Alentejo. *Tecnologia Alimentar. Biotechnol. 42 (2)* , 125130.

Reanaud S., D. L. (1992). Wine, alcohol, platelets and the French paradox for coronary heart disease. *Lancet* , 1523-1526.

Reaunaud S. (n.d.).

Roggero, J. (1996). Evolução dos teores de resveratrol e de piceides nos vinhos durante a fermentação ou o envelhecimento. Comparação entre as castas grenache e mourvedre. *Sci. Aliment, 16* , 631-642.

Romero-Perez, A. L.-R.-B. (1996). Níveis de cis- e trans-resveratrol e seus glucósidos em vinhos brancos e rosados de vitis vinifera de Espanha. *J Agric Food Chem 44* , 2124-2128.

Soleas G.J., G. D. (1995). Influência da viticultura e dos factores enológicos na evolução do cis e do transresveratrol nos vinhos comerciais. *Revista de Investigação Vitivinícola, 6(2)* , 107-121.

Stervbo U., V. O. (2007). A review of the content of the putative phytoalexin resveratrol in red wine. *Food Chem 101,*440-457.

Vinson J. A., J. J. (1995). Os polifenóis vegetais apresentam atividade antioxidante ligada às lipoproteínas utilizando um modelo de oxidação in vitro para doenças cardíacas. *J. Agric. Food Chem* , 2798-2799.

CAPÍTULO 4

Resumo A casta "Kallmet" é uma das mais antigas cultivares autóctones de uva, que tem sido utilizada ao longo dos séculos como uma das cultivares de vinho tinto mais difundidas, especialmente no Norte e Noroeste da Albânia. A casta Kallmet produz vinhos tintos alcoólicos de alta qualidade. O conhecimento da composição química do vinho e da sua associação com a casta é de importância primordial em enologia e um instrumento necessário para a comercialização. Os compostos fenólicos são parâmetros de qualidade do vinho muito importantes devido ao seu impacto na cor, no sabor e nas propriedades sanitárias. A qualidade e a quantidade de polifenóis estão relacionadas com a variedade de uva, as condições climáticas e as práticas de cultivo. O objetivo do presente trabalho foi estudar e descrever estes parâmetros de qualidade de 25 vinhos tintos jovens e envelhecidos produzidos a partir da casta autóctone Kallmet. A cor do vinho é afetada por vários factores, entre os quais os mais importantes são a casta, o pH, a temperatura, os tratamentos enológicos e o envelhecimento. Os vinhos tintos jovens da casta Kallmet apresentam uma grande quantidade de polifenóis e antocianinas. Para o efeito, foram medidos os seguintes indicadores: intensidade de cor, tonalidade de cor, percentagem de cor vermelha, amarela e azul e variáveis definidas X, Y, Z, utilizando o sistema CIE (Commission Internationale de l'ECLAIRAGE).

Palavras-chave: Cor, vinho tinto envelhecido, variáveis C. I. E., vinho tinto Kallmet, autóctone.

1. Introdução

A Albânia, como país tipicamente mediterrânico, goza das melhores condições para as vinhas e a sua elevação geográfica torna-a um cenário perfeito para a produção de vinho. O território de Shkodra e Lezha é harmoniosamente moldado pela interação de quatro ecossistemas, os Alpes Albaneses, os rios Buna e Drin, o Mar Adriático e o Lago Shkodra - o maior lago dos Balcãs. Colinas suaves rodeiam pequenas aldeias como Narac, Hajmel e Kallmet, que dão o nome à mais famosa casta do Norte da Albânia. Este é o local de nascimento das castas autóctones Kallmet, que possuem caraterísticas morfobiológicas únicas. Kallmet dá vinhos alcoólicos de alta qualidade, enquanto em 1982, numa reunião internacional organizada para avaliação de vinhos em França, o vinho da cultivar Kallmet foi premiado com medalha de ouro. O vinho tinto Kallmet tem cor clara, é seco e tem um teor de taninos estável. O vinho tem um aroma agradável a frutos de amora e mirtilo.

Os compostos fenólicos dos vinhos tintos são substâncias que desempenham um papel importante em várias propriedades sensoriais, tais como a cor, o sabor, a adstringência e a dureza (Rubichaud e Noble, 1990). Além disso, é bem conhecido que os vinhos são ricos em compostos fenólicos, que têm sido demonstrados como poderosos antioxidantes. Os antioxidantes desempenham um papel crucial na prevenção de muitas doenças, como o cancro, inibindo a iniciação de tumores e doenças cardíacas (Briviba e Sies, 1994; Husain et al., 1987). Estes efeitos protectores para a saúde derivados do consumo de vinhos têm sido atribuídos ao seu conteúdo fenólico (Huang et al., 1992; Rice-Evans e Packer, 1998). Os tipos e as concentrações dos compostos fenólicos nos vinhos dependem das cultivares de uva, da maturação e das condições climatéricas (Goldberg et al., 1998).

A cor é uma das principais caraterísticas sensoriais utilizadas para determinar a qualidade e a aceitabilidade do vinho. A cor vermelha dos vinhos deve-se principalmente às antocianinas e aos pigmentos poliméricos e depende de vários factores, incluindo a idade do vinho. Durante a maturação, o envelhecimento e a armazenagem, os vinhos tintos alteram as suas variáveis sensoriais. Por exemplo, a cor do vinho tinto perde a sua vivacidade e brilho. Esta alteração deve-se principalmente a processos de polimerização com a participação de antocianinas monoméricas livres (Glories, 1984 a,b). Após um ano de armazenamento, as antocianinas monoméricas livres estão reduzidas a metade em comparação com a concentração inicial e, nos vinhos envelhecidos mais velhos, quase desapareceram (Somers, 1971). A intensidade da cor e a tonalidade dependem substancialmente do pH e da presença de dióxido de enxofre (Brouillard et al., 1978). A intensidade da cor vermelha diminui com o aumento do valor do pH. As antocianinas poliméricas são geradas nos processos de condensação direta e co-pigmentação (Asen et al., 1972; Santos-Buelga et al., 1995; Liao et al., 1992). Estes pigmentos recém-formados são quimicamente mais estáveis do que as formas monoméricas livres e estabilizam a cor do vinho, alterando-a para um tom mais vermelho tijolo (Mateus e de Freitas, 2001). A proporção de cor amarela do vinho envelhecido aumenta simultaneamente com o aumento do grau de polimerização e de oxidação. Outro fator importante que afecta a cor do vinho é a auto-associação das antocianinas, resultando num aumento proporcional da intensidade da cor. Um bom conhecimento dos parâmetros que caracterizam o espetro de cor dos vinhos tintos ajuda os peritos a avaliar a qualidade do vinho. O objetivo deste estudo é avaliar as variáveis de cor, os teores de antocianas e de polifenóis em 25 vinhos tintos jovens e envelhecidos da casta Kallmeti.

2. Material e métodos

2.1. Amostras de vinho tinto

Para este trabalho foram estudados vinte e cinco vinhos tintos produzidos a partir da casta albanesa Kallmet. As uvas foram colhidas no seu estado maduro, levadas para a cantina da Faculdade de Biotecnologia e Alimentação, onde foi produzido vinho tinto utilizando o método tradicional de vinificação. O processo de fermentação foi controlado diariamente e a temperatura de fermentação oscilou entre 25-27^0 C. No final da fermentação, os vinhos tintos não foram filtrados. Antes do engarrafamento, o nível de SO2 foi regulado para 30mg/L, sendo depois armazenado na cave da Faculdade de Biotecnologia e Alimentação. Foram analisados vinhos tintos jovens e vinhos tintos envelhecidos durante dois anos.

2.2. Métodos de análise

Os teores de fenólicos totais das amostras de vinho foram determinados espectrofotometricamente segundo o método colorimétrico de Folin-Ciocalteu (OIV), calibrando com padrões de ácido gálico e exprimindo os resultados em mg de extrato equivalente de ácido gálico (GAE).

As antocianinas totais foram determinadas pelo método diferencial de pH descrito por Giusti e Wrolstad (Guisti, M. M. et al., 2003). Para o efeito, as alíquotas de vinho tinto foram ajustadas a pH 1,0 e 4,5 com tampões. A absorvância de cada solução foi medida no comprimento de onda de absorção máxima e a 700nm. A diferença entre os valores de absorvância a pH 1,0 e 4,5 foi diretamente proporcional à concentração total de antocianinas, que foi expressa em mg/L.

2.3. Medições de cor

Antocianinas monoméricas e poliméricas: a contribuição das antocianinas monoméricas para a cor do vinho tinto a pH 3,6 (% monomérica) e o grau de polimerização das antocianinas (% polimerização) foram determinados por meio dos efeitos colorimétricos que o SO2 e o acetaldeído exercem nas formas das antocianinas, segundo o método proposto por Levengood e Boulton (2004). A análise foi efectuada por espetrofotometria, tendo a absorvância (520 nm) sido medida em cuvete de 10 mm. As fracções de cor das antocianinas monoméricas (MA %) e polimerizadas (PA %) foram determinadas através dos seguintes cálculos:

$$MA\,\% = (A^{20} - A^{SO2})/A^{acet} \times 100$$

$$PA\,\% = \frac{A^{SO2}}{A^{acet}} \times 100$$

Intensidade da cor (IC), Tonalidade (T): A IC e a T foram determinadas utilizando a absorvância espectrofotométrica dos vinhos tintos a 420, 520 nm (GLORIES, 1984), e os seguintes cálculos:

$$CI = Abs^{420} + Abs^{520}$$
$$T = Abs^{420}/Abs^{520}$$

3. Resultados e discussão

Os vinhos tintos jovens são caracterizados por valores baixos de coloração, que não excedem T=0,6 (Glories, 1984, a,b).

Comparando os resultados dos valores de absorvância dos vinhos tintos produzidos a partir da casta autóctone *Kallmet*, para a cor (T) e a intensidade da cor (I), observamos que a cor aumenta após dois anos de envelhecimento, enquanto que a intensidade da cor (IC) diminui. No gráfico 1 é apresentada a comparação da cor (T) e da intensidade da cor (IC) como uma média de vinte e cinco amostras de vinhos tintos jovens Kallmet e de vinhos tintos envelhecidos durante dois anos. Isto está de acordo com a regra que diz que a leitura da absorvância para vinhos envelhecidos a 520 nm diminui enquanto que a 420 nm aumenta, devido à mudança de antocianinas monoméricas para poliméricas.

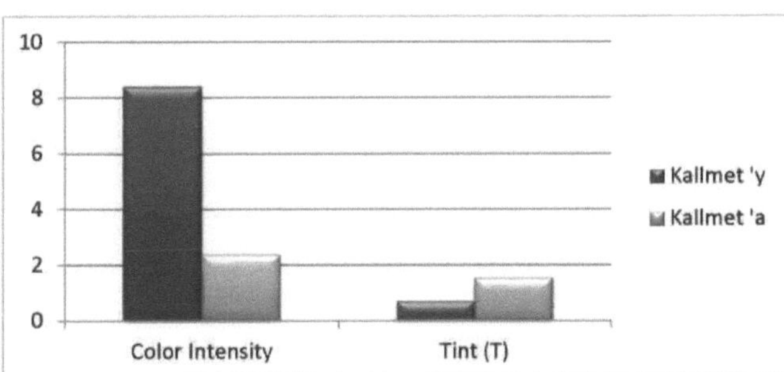

Gráfico 1. Alteração da intensidade da cor e da tonalidade (expressa como média de vinte e cinco amostras) em jovens e idosos

Vinho tinto Kallmet. y - vinhos tintos jovens; a - vinhos tintos envelhecidos.

O valor da tonalidade da cor para os vinhos jovens varia entre 0,68 e 0,73. Estes valores são caraterísticos dos vinhos tintos jovens, que aumentam em níveis de 1,53 enquanto o vinho envelhece. A intensidade da cor para o vinho tinto Kallmet diminui em 72%, enquanto a tonalidade aumenta em 112% em comparação com os parâmetros para vinhos tintos jovens. A maior alteração do valor da cor é observada nos vinhos Kallmet após dois anos de envelhecimento. Estes vinhos sofreram a maior transformação de cor, passando do vermelho vivo dos vinhos jovens para o vermelho alaranjado após 2 anos de envelhecimento em garrafa (Gráfico 2.

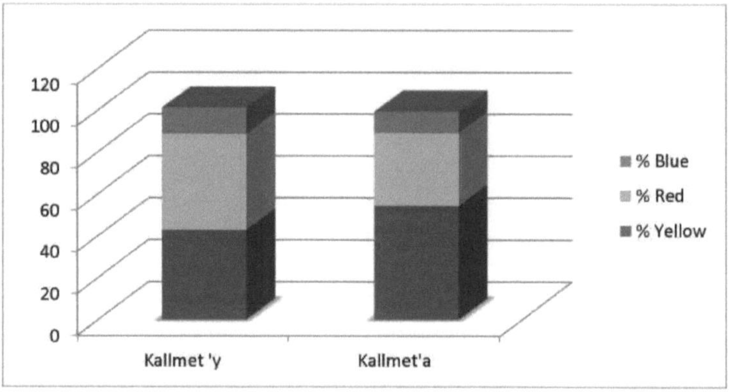

Gráfico 2. Contribuição das cores vermelha, amarela e azul na cor dos vinhos tintos Kallmet jovens e envelhecidos. y - vinho tinto jovem; a - vinho tinto envelhecido

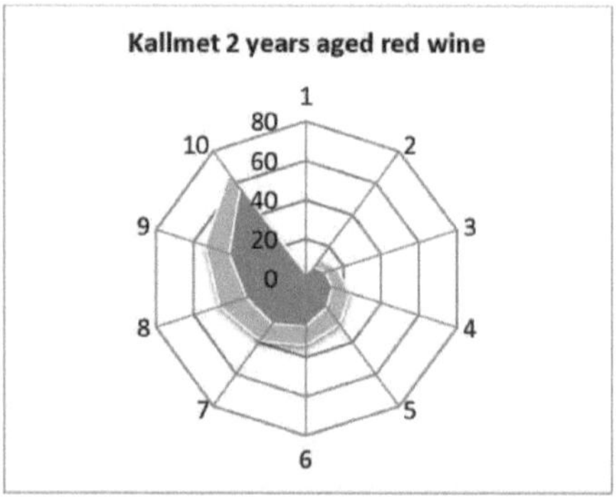

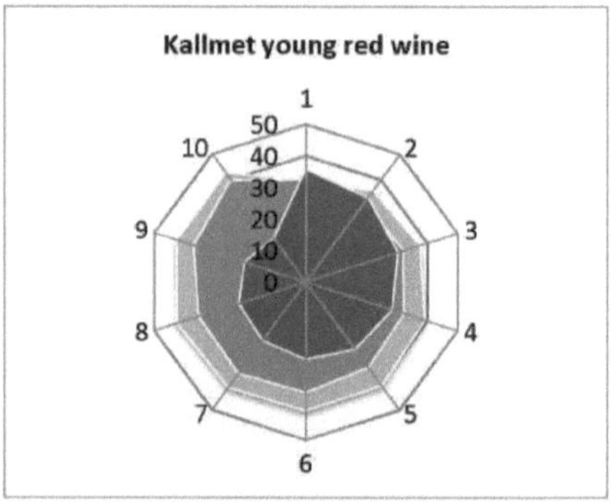

Gráfico 3. Contribuição das cores vermelha, amarela e azul na tonalidade da cor dos vinhos tintos Kallmet jovens e envelhecidos.

Em geral, para os vinhos com tonalidade vermelha, a classe de pigmentos vermelhos participa em maior medida (mais de 40%) para sublinhar a cor do vinho, para os vinhos com tonalidade vermelho-alaranjada, a percentagem de pigmentos vermelhos diminui (< 40%) sendo acompanhada por um aumento da percentagem de pigmentos amarelo-alaranjados (mais de 45%). Nos vinhos jovens, a percentagem de cor vermelha varia entre 46% e 53%, enquanto a percentagem de cor amarela varia entre 36% e 41%. Estes valores mudam durante o envelhecimento, onde a contribuição do vermelho diminui para menos de 44%, enquanto a percentagem de amarelo aumenta para mais de 43%. Nos gráficos 2 e 3 é apresentada a contribuição das cores vermelha, amarela e azul na tonalidade dos vinhos tintos Kallmet. Para os vinhos tintos jovens, a contribuição da cor vermelha é de 46%, a da cor amarela de 43% e a da cor azul de 13%. Após dois anos de envelhecimento, estas contribuições mudam nesta direção: a contribuição da cor vermelha diminui com 24%, a contribuição da cor amarela aumenta com 27% e a contribuição da cor azul diminui com 18%. Estas alterações, após dois anos de envelhecimento em garrafa, fazem com que a proporção de cor amarela ultrapasse a de cor vermelha nos vinhos *Kallmet*. Estes vinhos apresentam caraterísticas cromáticas fortemente alteradas, deslocadas para os tons amarelos do espetro durante o seu envelhecimento. Estes resultados revelam que os vinhos da casta típica albanesa *Kallmet* têm menos expressão de cor vermelha nos vinhos envelhecidos.

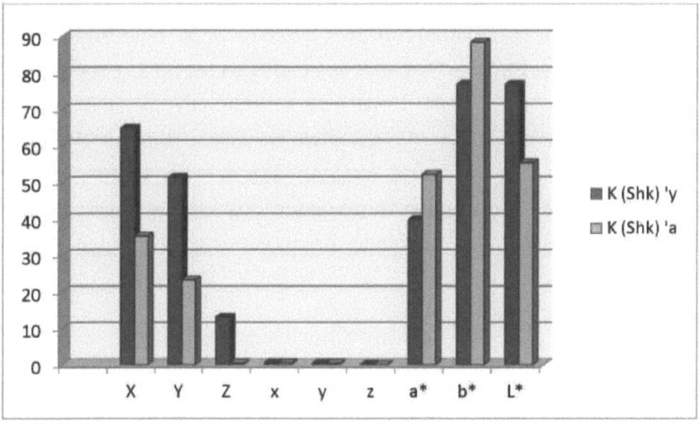

Gráfico 4. Resultados experimentais dos valores de triestímulo, coordenadas de cromaticidade e coordenadas CIELAB para

Vinho tinto Kallmet obtido segundo o sistema de cores CIE 1964 (x, y) (CIEXYZ) e as coordenadas CIELAB.

Os parâmetros de cor determinados no quadro 4 são os seguintes: valor tristímulo, X, Y, Z; coordenadas cromáticas x, y, z obtidas através da normalização dos valores tristímulos e das coordenadas CIELAB. As coordenadas de cor L* representam a luminosidade e a* e b* indicam a mudança de tonalidade de vermelho para verde e de amarelo para azul, respetivamente. Todos os parâmetros apresentam uma variabilidade durante o envelhecimento. A luminosidade L diminui com o envelhecimento do vinho, o mesmo acontecendo com os valores tristimulares X, Y, Z. A cor do vinho passa de vermelho, nos vinhos jovens, para laranja, nos vinhos envelhecidos durante dois anos.

Tabela 2. Contribuição das cores, teor de polifenóis e antocianinas no vinho tinto Kallmet jovem e envelhecido.

Parameters	Young Kallmet red wine	Aged Kallmet red wine
% Yellow	42.8	54.32
% Red	45.7	34.7
% Blue	12.54	10.18
Total polyphenols (mg/L)	1307	287
Total anthocyanins (mg/L)	170.3	108
Monomeric anthocyanins (%)	24.47	15.51
Polymeric anthocyanins (%)	70.99	66.05

Os dados relativos ao teor fenólico total mostram que os vinhos tintos Kallmet possuem uma carga fenólica relativamente elevada. A partir dos dados da tabela 2, o teor de polifenóis nos vinhos tintos Kallmet é de 1307 mg/L GAE para o vinho jovem, valor que diminui 78% durante o envelhecimento do vinho. As antocianinas totais diminuem 37% e o teor de antocianinas monoméricas e poliméricas também diminui. Os teores polifenólicos e de antocianinas são uma medida do poder antioxidante dos vinhos tintos. Estas quantidades contribuem para a definição da qualidade organoléptica, da higiene alimentar e da particularização do vinho.

4. Conclusão

A casta "Kallmet" é uma das mais antigas castas autóctones que tem sido utilizada ao longo dos séculos como uma das castas de vinho tinto mais difundidas, especialmente no Norte e Noroeste da Albânia. O presente estudo é um retrato dos parâmetros de qualidade dos vinhos tintos monovarietais jovens e envelhecidos produzidos a partir da casta autóctone albanesa "Kallmet". Os resultados relativos aos parâmetros de cor do vinho, às antocianinas totais e ao teor de polifenóis totais mostram o potencial da casta Kallmet na produção de vinhos tintos de qualidade, que são bons mas envelhecem rapidamente, pelo que não são adequados para um envelhecimento prolongado.

5. Referências

1. Asen S., Stewart R. N., Norris K. H. 1972. Co-pigmentação de antocianinas em tecidos vegetais e seu efeito na cor. *Phytochemistry*. 11: 1139-1144.
2. Briviba K., Sies H. 1994. Sistemas de Defesa Antioxidante nãoenzimáticos. In: B. Frei (Ed.), Natural Antioxidant in Human Health and Disease. Academic Press Inc., Nova Iorque, EUA, pp. 107-128.
3. Brouillard R., Delaporte B., Dubois J. E. 1978. Chemistry of anthocyanin pigments. 3 Amplitudes de relaxação em experiências de salto de pH. *Journal of the American Chemical Society*. 100: 6202-6205.
4. C.I.E.: Avaliação da diferença de cor industrial, relatório técnico. *Publicação CIE,* 1995. Gabinete Central da Comissão Internacional da Iluminação, Viena.
5. Giusti M.M., Wrolstad R.E. 2003. Antocianinas aciladas de fontes comestíveis e suas aplicações em sistemas alimentares. Biochem. Eng. J. 14:217 - 225.
6. Glories Y. 1984a. La couleur des vins rouges. Mesure, origine et interpretation. Partie I. Connaiss. *Vigne* vin. 18: 195-217.
7. Glories Y. 1984a. La couleur des vins rouges. Mesure, origine et interpretation. Parte II. Connaiss. *Vigne* vin. 18: 253-271.
8. Goldberg D.M., Karumanchiri A., Tsang E., Soleas G.J. 1998. Catechin and epicatechin concentrations of red wines: Regional and cultivar-related differences. *American Journal of Enology and Viticulture*. 49: 23-34.
9. Huang M., Ho C., Lee C. 1992. Phenolic Compounds in Foods and Their Effects on Health (Compostos fenólicos nos alimentos e seus efeitos na saúde). Sociedade Americana de Química, Washington, EUA.
10. Husain S. R., Cillart J. Cillart P. 1987. Atividade de eliminação de radicais hidroxi de flavonóides. *Phytochemistry*. 26(9): 2489-2491.
11. Levengood J. e Boulton R. 2004. A variação da cor devida à copigmentação em vinhos jovens Cabernet Sauvignon. Em Red Wine Color: Exploring the Mysteries. A.L.Waterhouse e J.A.Kennedy (Eds.), pp. 35-52. ACS Symp. Ser. 886. Am. Chemical Society. Washington DC.
12. Liao H., Cai Y., Haslam E. 1992. Interações entre polifenóis. Anthocyanins: copigmentation and color changes in red wines. *Journal of the Science of Food and Agriculture*. 59:299-305.
13. Mateus N. e De Freitas V. 2001. Evolução e estabilidade dos pigmentos derivados da antocianina durante o envelhecimento do vinho do Porto. *Journal of Agricultural and Food Chemistry*. 49: 5217-5222.

14. Rice-Evans C., Packer L. 1998. Flavonoids in Health and Disease. Marcel Dekker, Nova Iorque, EUA.
15. Rubichaud J. L., Noble A. C. 1990. Astringency and Bitterness of Selected Phenolics in Wine (Adstringência e amargor de fenólicos selecionados no vinho). *Journal of*

the Science of Food and Agriculture. 53: 343-353.

16. Santos-Buelga C., Bravo-Haro S., Rivas-Gonzalo J. C. 1995. Interações entre catequinas e malvidina-3-monoglucósido em soluções modelo. *Z.Lebensm. Unters. Forsch.*1:269-274.

17. Somers T. C. 1971. A natureza polimérica dos pigmentos do vinho. *Phytochemisty*. 10: 2175-2186.

Índice

MIX
Papier aus verantwortungsvollen Quellen
Paper from responsible sources
FSC® C105338

Printed by Books on Demand GmbH, Norderstedt / Germany